U0039848

聖典系列

武器屋

The House of Weapons

◎ 作者簡介

Truth In Fantasy編輯部

◎ 譯者簡介

趙 佳

生於天津，2004年畢業於北京大學日語系。喜愛各種兵器，平時多有鑽研了解。

◎ 審訂者簡介

楊立強

夏威夷太平洋大學歷史系文科學士學位，主修戰史。並曾入HPU外交與軍事研究所碩士研究班進修。

現於網路上發表無數時事評論、軍事評論、戰史評論、戰史小說、科幻小說等，數量龐大。曾為Discovery頻道翻譯戰史節目「戰車世紀」。

創立吉皮思工作室，自費出版奇幻、科幻、武俠小說以及歷史考據與評論等書籍。

郭昡海

1978年生，高雄醫學大學生物系畢業，網路化名繚亂子。

高中大學時曾參加校內武術性社團，開始接觸古兵器之技法，隨後對兵器之制式萌發濃厚興趣。此外，亦曾多方涉獵東西洋歷史古戰事文獻，南北奔走於台灣求問數位著名之鑄劍師傅，並曾整理部分兵器簡史發布於網路，欲與同好分享之。

歡迎光臨
這裡就是武器屋

　　歡迎諸位光臨武器屋！敝人就是本店的店主。大家路上還算順利吧？本店距離大家的祖國本就路途遙遠，而且道路也是崎嶇難尋，再加上最近食人妖（Troll）和地精（Goblin）大肆為非作歹，各位當中肯定有人是經過一番苦戰拼殺才來到此地的。雖然如此，我們絕不會讓您這一路的辛苦付諸東流。在下可以保證，只要您到過小店，我們就一定能讓您滿意而歸。現在暫且說到這裡，下面，先請大家前往那邊的貴賓室。小憩之後，在下將向各位稍微介紹一下本店的情況。

貴賓室
VIP ROOM

怎麼樣，大家都休息好了嗎？在接下來的講解之前，敝人先就本店做一點小小的說明。

本店名叫「武器屋」，其實不光是武器，防護用具也一應俱全。而且，目前備有的所有商品，全部是以「歷史」世界中的原物為藍本製作的。能夠呼風喚雨的神劍或防魔寶甲之類的魔法裝備，本店恕不預備。這一點還請各位不要誤會。

下面讓我們談談店內的陳列吧。本店按照職業區別分成了若干樓層。比如說，如果您是戰士就請往一樓，是騎士的話，就請往三樓。這樣做是為了使各位能根據自己的不同職業，或者根據自己對商品的需要，而能隨心所欲地瀏覽商品。但是，由於建築空間有限，我們把那些不限職業的商品單獨集中在一層。以劍來說吧，主要放在一樓，但是如有需要，也請您在其他職業的樓層中去找找看。

樓層中又分為主題不同的角落。而且還有一間特別館藏室。因此，您不只可以查找自己需要的商品，還可以像參觀時下流行的主題公園一樣，在本店盡情瀏覽。

下面，在下將充當各位的店內嚮導。來，各位這邊請。請大家往前走。

對了，商品的價格並沒有標示出來！這是因為，在各位所來自的不同國家或世界裡，商品的價格本就不同，所有的商品也都有自己在當時的價格。為免除討價還價的麻煩，我們才出此下策，望各位諒解。

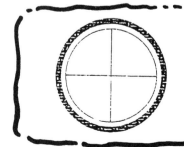

特別提醒
　　在所有商品的旁邊，都畫有這麼一個圓形。這個圓形可不是單純的裝飾。它是用來清楚地表示出商品大小的比例尺，它的直徑是20公分。這個尺寸，與人的指尖到手掌末端的長短大體一致。在仔細研究商品的時候，大家可以用它作個參考。

嚮導圖
（目錄）

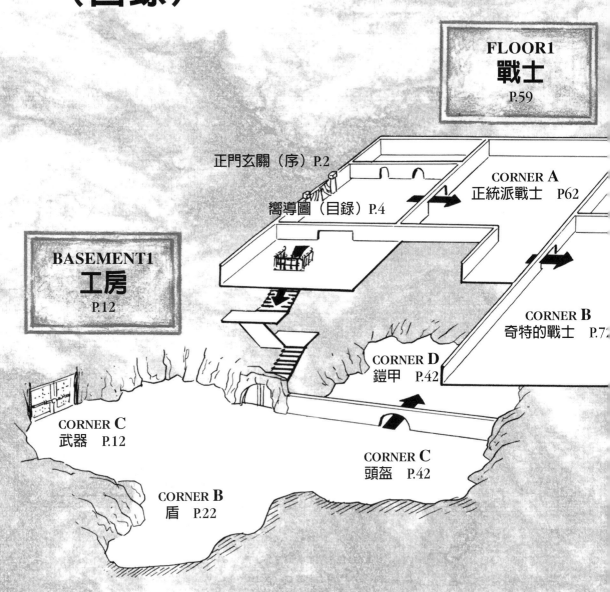

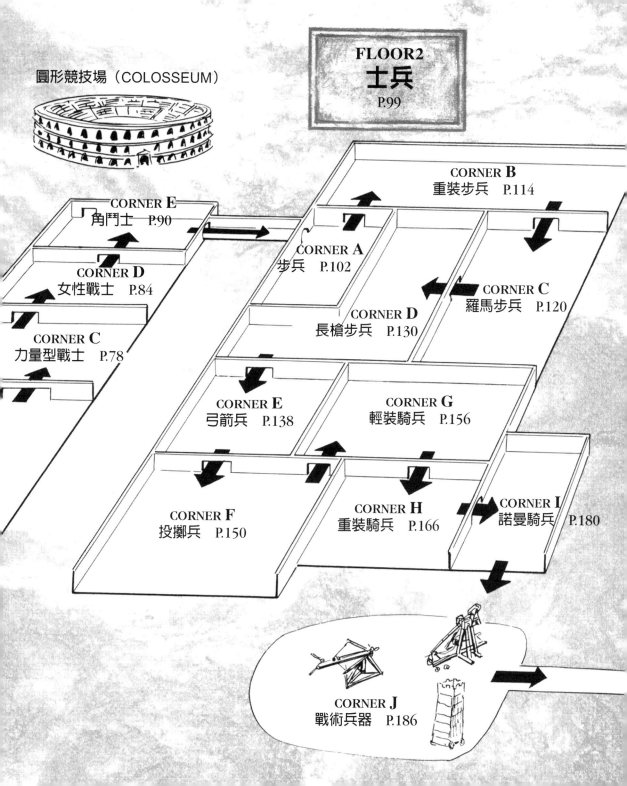

圓形競技場（COLOSSEUM）

FLOOR2
士兵
P.99

CORNER **E**
角鬥士　P.90

CORNER **D**
女性戰士　P.84

CORNER **C**
力量型戰士　P.78

CORNER **B**
重裝步兵　P.114

CORNER **A**
步兵　P.102

CORNER **C**
羅馬步兵　P.120

CORNER **D**
長槍步兵　P.130

CORNER **E**
弓箭兵　P.138

CORNER **G**
輕裝騎兵　P.156

CORNER **F**
投擲兵　P.150

CORNER **H**
重裝騎兵　P.166

CORNER **I**
諾曼騎兵　P.180

CORNER **J**
戰術兵器　P.186

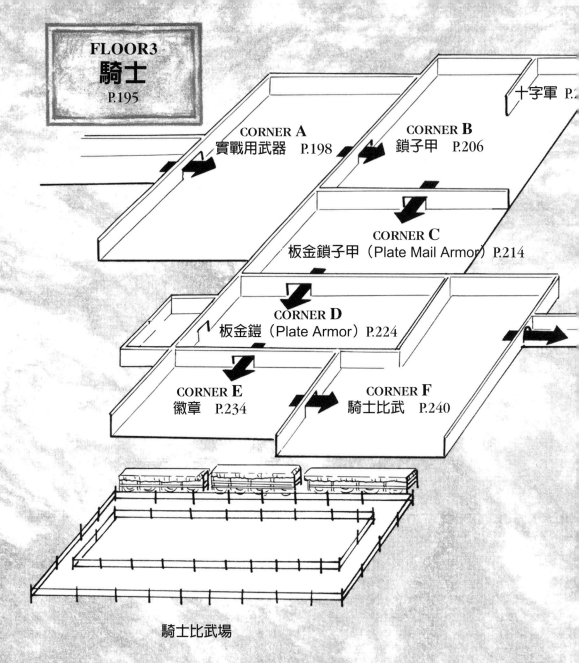

FLOOR3
騎士
P.195

CORNER A
實戰用武器　P.198

CORNER B
鎖子甲　P.206

十字軍　P.

CORNER C
板金鎖子甲（Plate Mail Armor）P.214

CORNER D
板金鎧（Plate Armor）P.224

CORNER E
徽章　P.234

CORNER F
騎士比武　P.240

騎士比武場

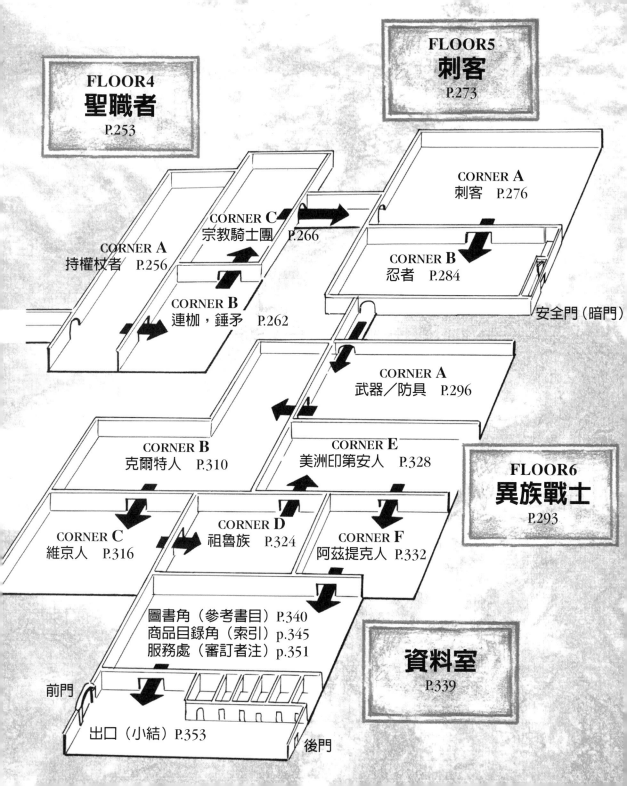

BASEMENT
1

工坊
WORKS

歡迎各位光臨！

在這武器屋中，在下想先請諸位客人參觀一下小店引以為傲的鍛造工坊。

力大過人的鍛造工人們一個個汗流浹背，胳膊上纏著毛巾，

奮力打造著各種武器和防具。大家不妨仔細觀看。

看到這樣的場面，一定能增添諸位對本店商品的信心。

而且，對鎧甲和頭盔等尚不甚瞭解的客人，還可以從本店獲得大量基礎知識。

小店也因此備受好評。

大家請注意腳下，這裡雜物很多，而且熱氣彌漫，還望大家暫時忍耐。

以下，就請手藝精湛、但人有些偏執的矮人族（Dwarf）師傅，

來擔任大家的嚮導。

（店主）

Arms

武器

　　在本店，我們見過來自各種各樣世界的客人們，其中甚至還有用石頭貨幣購買石頭武器的呢！本店裡既有刀口銳利的鋼刀鋼槍，也有用美麗的寶石裝飾而成的各種武器。喜歡石頭的那些傢伙，究竟是看上石頭的哪一點呢？我真是一點也不明白。可是，店主的原則是：從石頭武器到鋼製兵刃，無論是什麼，一律打造。反正我是只願意在銀和鋼上費功夫的。

　　但不管怎樣，要向大家說清楚武器的材質和功能在發展變化上的過程，還是要從石頭類講起。我也會順便將武器的各部分名稱告訴大家。（師傅）

●雖然舉起大石頭很費力氣，但光這重量已經具有極強的攻擊威力了。

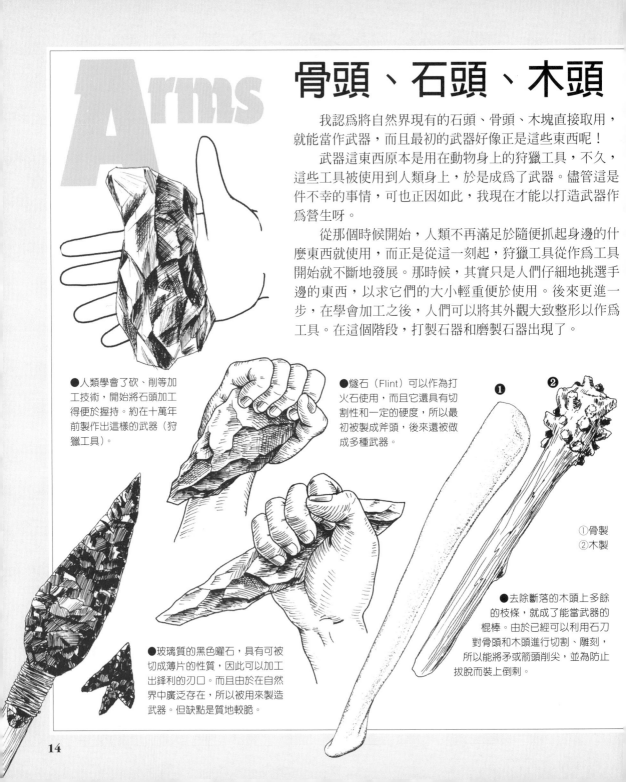

骨頭、石頭、木頭

Arms

　　我認爲將自然界現有的石頭、骨頭、木塊直接取用，就能當作武器，而且最初的武器好像正是這些東西呢！

　　武器這東西原本是用在動物身上的狩獵工具，不久，這些工具被使用到人類身上，於是成爲了武器。儘管這件不幸的事情，可也正因如此，我現在才能以打造武器作爲營生呀。

　　從那個時候開始，人類不再滿足於隨便抓起身邊的什麼東西就使用，而正是從這一刻起，狩獵工具從作爲工具開始就不斷地發展。那時候，其實只是人們仔細地挑選手邊的東西，以求它們的大小輕重便於使用。後來更進一步，在學會加工之後，人們可以將其外觀大致整形以作爲工具。在這個階段，打製石器和磨製石器出現了。

●人類學會了砍、削等加工技術，開始將石頭加工得便於握持。約在十萬年前製作出這樣的武器（狩獵工具）。

●燧石（Flint）可以作爲打火石使用，而且它還具有切割性和一定的硬度，所以最初被製成斧頭，後來還被做成多種武器。

❶ ❷

①骨製
②木製

●玻璃質的黑色曜石，具有可被切成薄片的性質，因此可以加工出鋒利的刃口。而且由於在自然界中廣泛存在，所以被用來製造武器。但缺點是質地較脆。

●去除斷落的木頭上多餘的枝條，就成了能當武器的棍棒。由於已經可以利用石刀對骨頭和木頭進行切割、雕刻，所以能將矛或箭頭削尖，並爲防止拔脫而裝上倒刺。

14

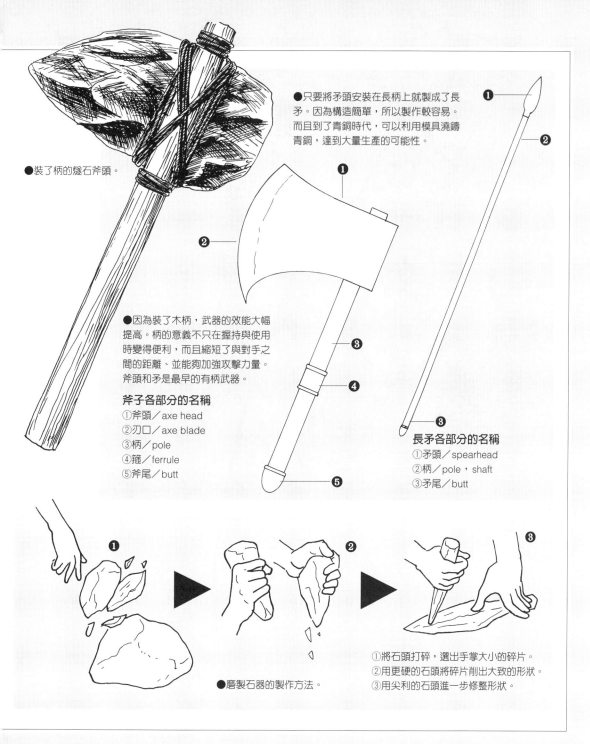

●裝了柄的燧石斧頭。

●只要將矛頭安裝在長柄上就製成了長矛。因為構造簡單,所以製作較容易。而且到了青銅時代,可以利用模具澆鑄青銅,達到大量生產的可能性。

●因為裝了木柄,武器的效能大幅提高。柄的意義不只在握持與使用時變得便利,而且縮短了與對手之間的距離、並能夠加強攻擊力量。斧頭和矛是最早的有柄武器。

斧子各部分的名稱
①斧頭／axe head
②刃口／axe blade
③柄／pole
④箍／ferrule
⑤斧尾／butt

長矛各部分的名稱
①矛頭／spearhead
②柄／pole,shaft
③矛尾／butt

●磨製石器的製作方法。

①將石頭打碎,選出手掌大小的碎片。
②用更硬的石頭將碎片削出大致的形狀。
③用尖利的石頭進一步修整形狀。

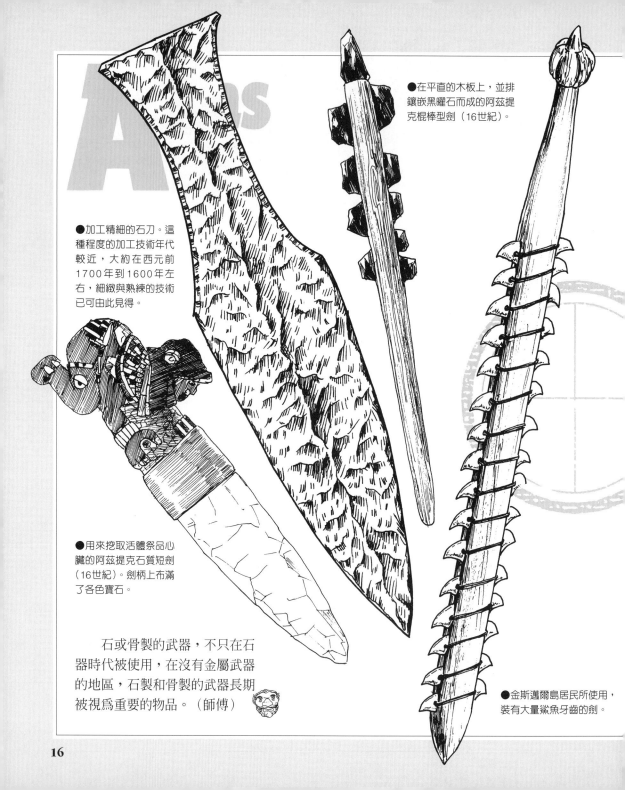

●加工精細的石刀。這種程度的加工技術年代較近，大約在西元前1700年到1600年左右，細緻與熟練的技術已可由此見得。

●在平直的木板上，並排鑲嵌黑曜石而成的阿茲提克棍棒型劍（16世紀）。

●用來挖取活體祭品心臟的阿茲提克石質短劍（16世紀）。劍柄上布滿了各色寶石。

石或骨製的武器，不只在石器時代被使用，在沒有金屬武器的地區，石製和骨製的武器長期被視爲重要的物品。（師傅）

●金斯邁爾島居民所使用，裝有大量鯊魚牙齒的劍。

銅

時光流逝，在石器時代即將結束的時候（西元前4000年左右），終於出現了用銅製造的短劍。但是，因為當時獲得材料極為困難，加工製作又大費周章，所以只作為國王或族長等人的權勢象徵。

為了讓石器具有鋒利的刃口，必須倍加仔細，以防發生破損。在實戰中，也常常會發生刃口破損。在這方面，如果是金屬，就可以製作出既有鋒利刃口，又不易破損、碎裂的結實劍器。

銅很軟，易於在加工中通過敲打使之變薄。它還有一個性質，就是如果繼續敲打，它會在一定程度上變硬。所以，它並不適於實戰運用。銅劍很軟，當打在盾上時就會彎曲，所以奉勸珍惜生命的您不要拿著銅製長劍上陣。當兩人雙劍相抵在相互較力的時候，手裡的劍很容易便彎掉了。（師傅）

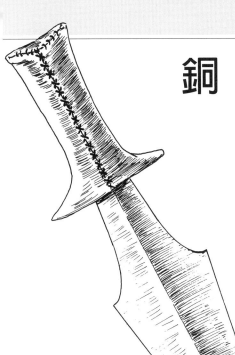

●非洲的銅製短劍。用石頭直接將刀刃打得這麼薄實在很困難。可以看出，刀身越往刀柄處伸展得越寬的處理，是為了防止柔軟的銅劍發生彎曲。

●銅可以天然銅的形式直接存在，但是為了確保品質，必須將銅從混有其他金屬或物質的礦石中提煉出來（精煉）。銅的熔點大約是1100℃，一般的熔爐就可以達到這個溫度。

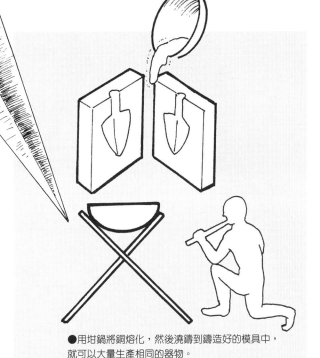

●用坩鍋將銅熔化，然後澆鑄到鑄造好的模具中，就可以大量生產相同的器物。

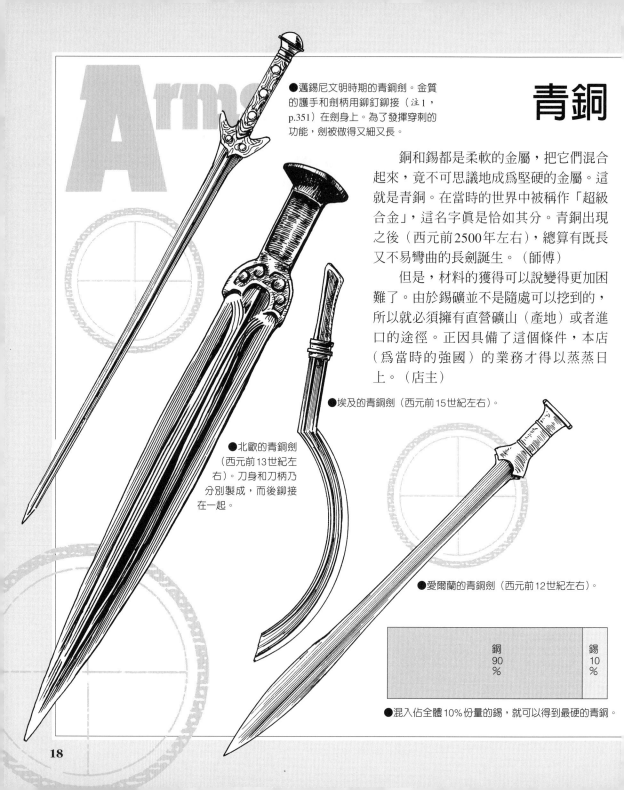

●邁錫尼文明時期的青銅劍。金質的護手和劍柄用鉚釘鉚接（注1，p.351）在劍身上。為了發揮穿刺的功能，劍被做得又細又長。

青銅

銅和錫都是柔軟的金屬，把它們混合起來，竟不可思議地成為堅硬的金屬。這就是青銅。在當時的世界中被稱作「超級合金」，這名字真是恰如其分。青銅出現之後（西元前2500年左右），總算有既長又不易彎曲的長劍誕生。（師傅）

但是，材料的獲得可以說變得更加困難了。由於錫礦並不是隨處可以挖到的，所以就必須擁有直營礦山（產地）或者進口的途徑。正因具備了這個條件，本店（為當時的強國）的業務才得以蒸蒸日上。（店主）

●埃及的青銅劍（西元前15世紀左右）。

●北歐的青銅劍（西元前13世紀左右）。刀身和刀柄乃分別製成，而後鉚接在一起。

●愛爾蘭的青銅劍（西元前12世紀左右）。

銅 90 %	錫 10 %

●混入佔全體10%份量的錫，就可以得到最硬的青銅。

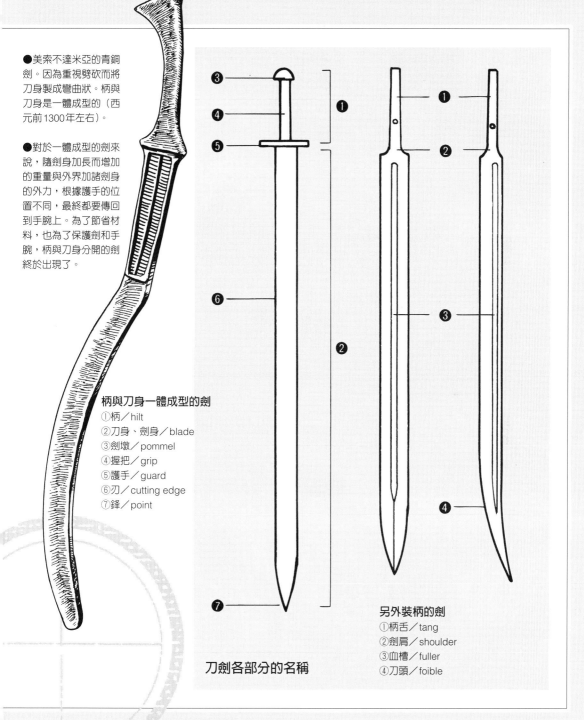

●美索不達米亞的青銅劍。因為重視劈砍而將刀身製成彎曲狀。柄與刀身是一體成型的（西元前1300年左右）。

●對於一體成型的劍來說，隨劍身加長而增加的重量與外界加諸劍身的外力，根據護手的位置不同，最終都要傳回到手腕上。為了節省材料，也為了保護劍和手腕，柄與刀身分開的劍終於出現了。

柄與刀身一體成型的劍
①柄／hilt
②刀身、劍身／blade
③劍墩／pommel
④握把／grip
⑤護手／guard
⑥刃／cutting edge
⑦鋒／point

刀劍各部分的名稱

另外裝柄的劍
①柄舌／tang
②劍肩／shoulder
③血槽／fuller
④刀頭／foible

Arms

鐵

　　鐵也許是最適合製作武器的金屬了，在自然界含量極為豐富，所以只要能提高加工技術，就能生產出大量優質的武器。但是沒有掌握技術的工坊（即時代、地區）所生產出的劍，連青銅劍都不如。所以說，並不是所有的鐵製武器都好用。本工坊以西台人的後代們為骨幹，所以能生產出真正優質的鐵製武器。（師傅）

黑海

西台

古埃及

●西台是在西元前15世紀左右出現於小亞細亞安那托利亞（Anatolia，今天的土耳其）的強大帝國。他們擁有先進的煉鐵方法，利用鐵製武器不斷攻佔周圍的鄰國。西元前12世紀滅亡後，一直被保密的鐵礦精煉技術被推廣到整個美索不達米亞地區，於是，鐵器時代到來了。不久，它又進一步傳到了歐洲。

●人類最初作為材料利用的鐵是「隕鐵」，「隕鐵」是指從宇宙落下的石塊中提煉出的鐵。鐵與銅、銀不同，難以直接取得。鐵基本上也沒有直接單獨以礦石存在的情況。

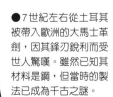

●7世紀左右從土耳其被帶入歐洲的大馬士革劍，因其鋒刃銳利而受世人驚嘆。雖然已知其材料是鋼，但當時的製法已成為千古之謎。

各位並非專業工匠，而是客人，所以對鐵製武器的分類，可以暫且這樣理解：根據不同製作方法，大體可分為以下三種。不過是製作方法不同，從而使鐵的硬度不同罷了。（師傅）

鋼製劍

一般鐵的其實是由鐵元素（Fe）和碳元素（C）構成的。如果熔入的碳的含量只佔全體的2%，得到的就是最硬的鐵。這就是鋼。但是，由於生產鋼必須掌握相應的技術，以達到使鐵融化的高溫（1500℃以上），所以亞洲直到5世紀、歐洲直到「吹鋼」出現的15世紀，鋼的生產才得以實現。
1. 將高純度的鐵塊和木炭一起放到窯爐中煉燒。
2. 直接使用的話，碳含量依然過高，所以繼續加熱以除去多餘的碳。

鍛製劍

●將鐵礦石加熱到1100℃左右，就可以得到含有雜質的鐵塊。將其繼續加熱並反覆槌打，雜質會被帶到表面並被除去，製出純度較高的硬質鐵。這樣製出的鐵比青銅還要柔軟，但由於產量豐富而廣泛使用。
1. 將鐵礦石加熱。
2. 用吹管送風，使爐溫儘量升高。
3. 加熱後反覆槌打，除去雜質。

淬火劍

●鐵的硬度隨著加熱溫度的不同而發生變化。將灼熱的鐵放入水之類的液體中急速冷卻，如此一來，即使恢復常溫後的鐵也會保持較高的硬度。逐漸升高溫度，同時反覆重複這一操作，可以製作出堅硬的劍。但如果重複得太多，就會適得其反，鐵只會變脆。
1. 將劍加熱。這時的溫度不能太高，實際溫度是祕傳的。
2. 用錘子整理好形狀。
3. 冷卻。冷卻時可以用油、樹液、蜜和血之類東西。這也是祕傳的。

Shield

盾

　　盾是一種很早就已經出現的防具。也許人們一開始只是自然而然地想到，人既然生而有雙手，那就一隻手拿武器，另一隻就拿防禦用的東西吧。

　　盾牌雖然沒有鎧甲受歡迎，但如果考慮防護性，它其實具有優於鎧甲的效果。穿著鎧甲被劍砍到的話，多少會骨折或者被打傷。如果是盾牌，就不會出現這種情況了。

　　盾牌因材質、構造、大小、形狀不同而多種多樣。它們都是出自不同功能的考量下而製作出來的。下面就請大家仔細看看吧。（師傅）

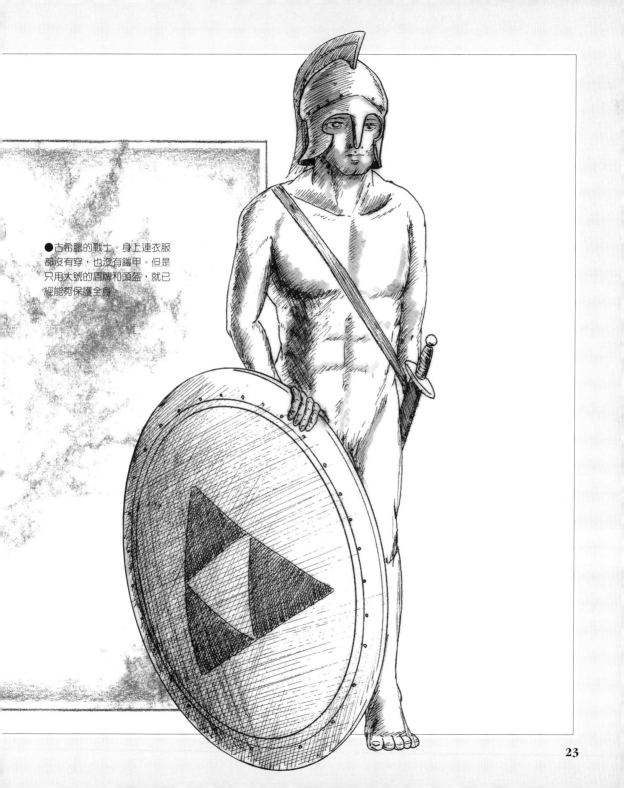

●古希臘的戰士。身上連衣服
都沒有穿，也沒有鎧甲。但是
只用大號的盾牌和頭盔，就已
經能夠保護全身

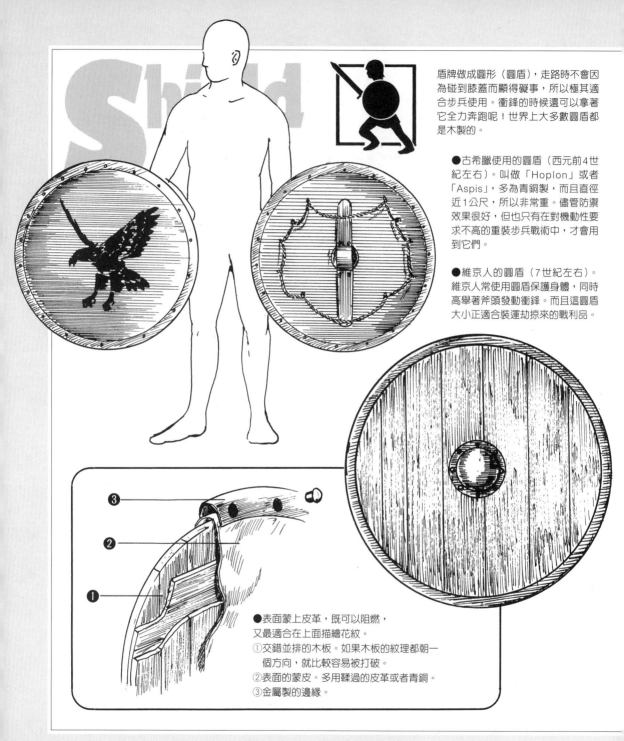

盾牌做成圓形（圓盾），走路時不會因為碰到膝蓋而顯得礙事，所以極其適合步兵使用。衝鋒的時候還可以拿著它全力奔跑呢！世界上大多數圓盾都是木製的。

●古希臘使用的圓盾（西元前4世紀左右）。叫做「Hoplon」或者「Aspis」，多為青銅製，而且直徑近1公尺，所以非常重。儘管防禦效果很好，但也只有在對機動性要求不高的重裝步兵戰術中，才會用到它們。

●維京人的圓盾（7世紀左右）。維京人常使用圓盾保護身體，同時高舉著斧頭發動衝鋒。而且這圓盾大小正適合裝運劫掠來的戰利品。

●表面蒙上皮革，既可以阻燃，又最適合在上面描繪花紋。
①交錯並排的木板。如果木板的紋理都朝一個方向，就比較容易被打破。
②表面的蒙皮。多用鞣過的皮革或者青銅。
③金屬製的邊緣。

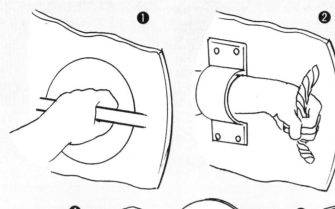

①

②

③

④

●各式各樣的盾牌把手。

①正中央持把的類型。在平坦的盾內部挖一個坑，接著在坑的內側鑲嵌一塊碗形的金屬板。

②這種類型要將前臂穿過一條帶子，再用手抓住把手或另一條帶子。

③這一種多用在弧面的盾牌上，用手抓住橫貫盾牌的握把。

④有的盾牌不只有把手，還有肩帶。將帶子掛在肩膀上，用力向外推出的話，就可以承受非常強的打擊。

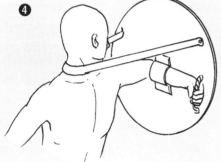

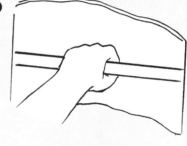

圓盾
ROUND SHIELD

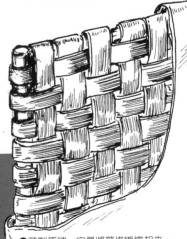

●藤製盾牌。它是將藤條編織起來，並在表面蒙上動物皮革製成的。

Shield

長盾因古羅馬軍團的使用而聲名大噪。在鎧甲尚不發達的時代,人們使用著可嚴密遮蔽全身的大號盾牌。它們因大多為長方形而得名。使用者可以在隱蔽身體的同時投擲標槍。

長盾
TOWER SHIELD

①克爾特人的盾牌(西元前1世紀左右)。另外,也有其他如卵形或長方形等形狀。
②羅馬人的卵形盾牌(西元前2世紀左右)。叫做「Scutum」,起源於克爾特人的盾牌。寬75公分,長120公分,整體外觀向外突起並具有平順的弧線。它由兩塊薄木板拼合而成,外面蒙上布或皮革。
③盾內側的中央裝有鐵製的握把。另外,握把還具有防止盾牌扭曲的作用。

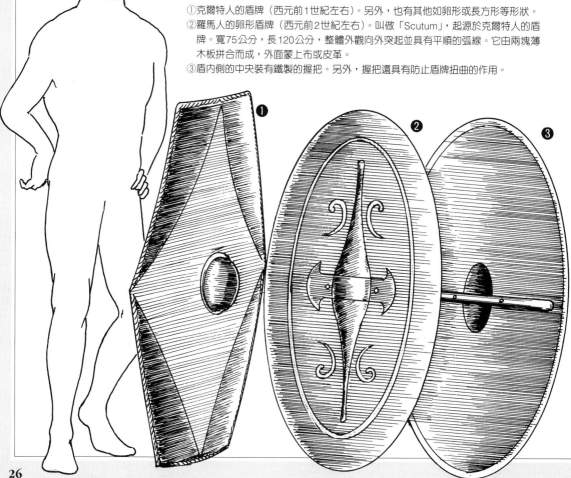

鳶形盾
KITE-SHAPED SHIELD

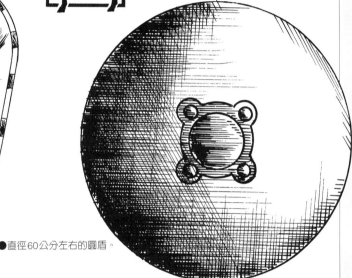

諾曼人使用的盾牌，因為形似風箏而得名「鳶形盾」。盾形為倒三角狀，所以儘管尺寸較大，在馬上使用的時候，並不會被馬鞍卡住，可以左右靈活使用。

●直徑60公分左右的圓盾。

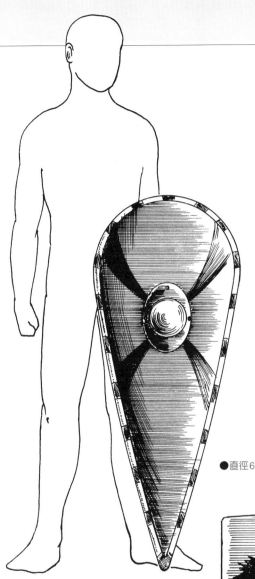

●平板形的鳶形盾（11世紀左右）。另外也有形狀彎曲的。

騎乘盾

●中世紀歐洲騎士手裡的盾牌叫做熨斗形盾。在盾的表面繪有作為個人識別標誌的花紋，叫盾紋。

騎士、騎兵所持的盾牌，為了在馬上便於使用，做得比步兵所用的更小一些。

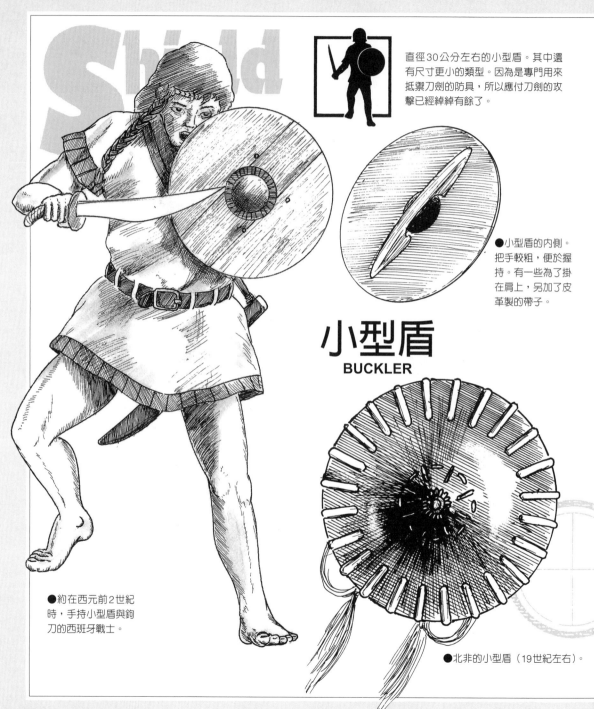

Shield

直徑30公分左右的小型盾。其中還有尺寸更小的類型。因為是專門用來抵禦刀劍的防具，所以應付刀劍的攻擊已經綽綽有餘了。

●小型盾的內側。把手較粗，便於握持。有一些為了掛在肩上，另加了皮革製的帶子。

小型盾
BUCKLER

●約在西元前2世紀時，手持小型盾與鉤刀的西班牙戰士。

●北非的小型盾（19世紀左右）。

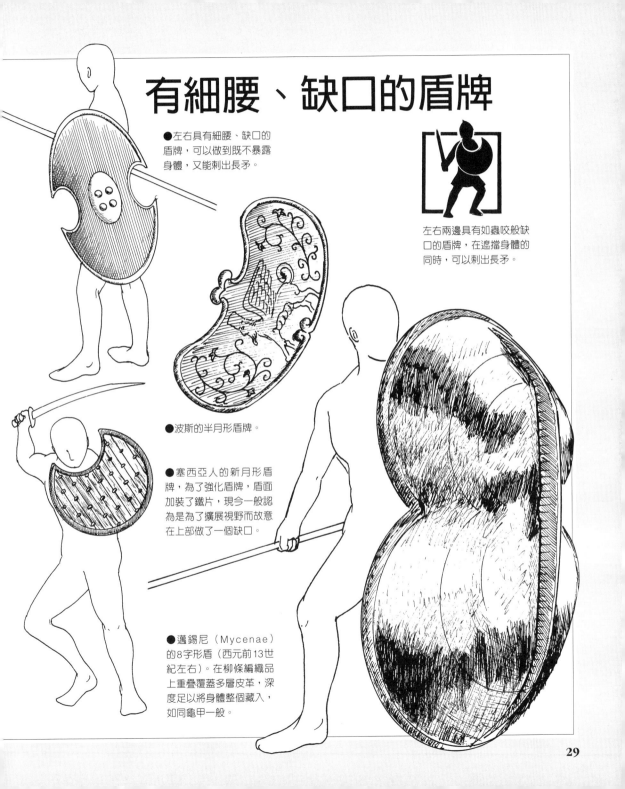

有細腰、缺口的盾牌

●左右具有細腰、缺口的盾牌,可以做到既不暴露身體,又能刺出長矛。

左右兩邊具有如蟲咬般缺口的盾牌,在遮擋身體的同時,可以刺出長矛。

●波斯的半月形盾牌。

●塞西亞人的新月形盾牌,為了強化盾牌,盾面加裝了鐵片,現今一般認為是為了擴展視野而故意在上部做了一個缺口。

●邁錫尼(Mycenae)的8字形盾(西元前13世紀左右)。在柳條編織品上重疊覆蓋多層皮革,深度足以將身體整個藏入,如同龜甲一般。

Helmet

頭盔

　　身體最重要的部位，莫過於頭了。最初，人們是靠天然的頭盔，也就是頭骨來保護大腦的。但隨著武器的發展，這天然的頭盔漸漸失去了作用。

　　因爲是要保護最重要的腦袋，所以不光要顧及裝飾作用，還要考慮諸如保護哪裡、材料是否結實、會不會重得壓斷脖子之類的很多問題。請各位一邊考慮這些問題，一邊仔細瀏覽吧（師傅）。

●古希臘的色雷斯（Thracian）
傭兵（西元前5世紀左右）。戴著
軟皮革製成的頭巾。頭巾雖然不
是頭盔，但如果用皮革或厚布製
成，也並不是沒有防護效果。當
時的輕裝步兵因為手持用柳條編
成的盾牌，所以又被稱為「柳牌

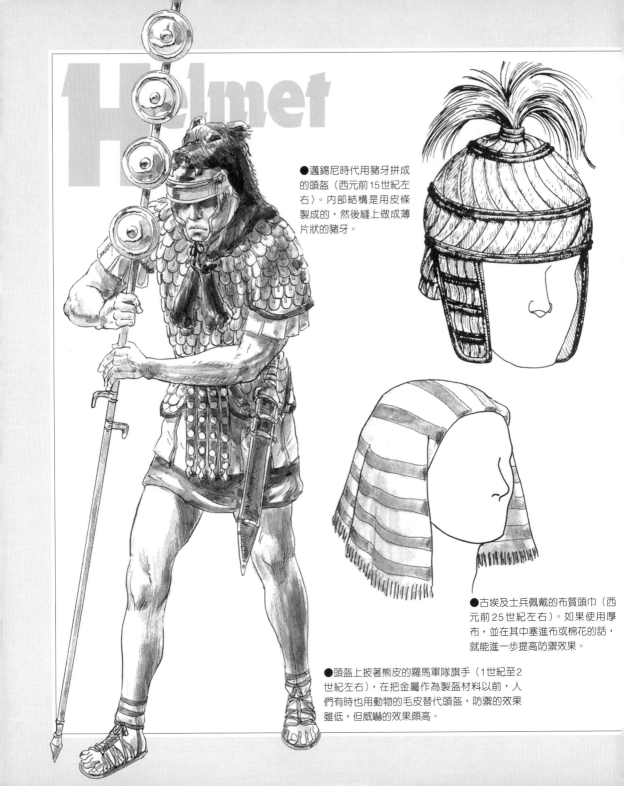

Helmet

●邁錫尼時代用豬牙拼成
的頭盔（西元前15世紀左
右）。內部結構是用皮條
製成的，然後縫上做成薄
片狀的豬牙。

●古埃及士兵佩戴的布質頭巾（西
元前25世紀左右）。如果使用厚
布，並在其中塞進布或棉花的話，
就能進一步提高防禦效果。

●頭盔上披著熊皮的羅馬軍隊旗手（1世紀至2
世紀左右），在把金屬作為製盔材料以前，人
們有時也用動物的毛皮替代頭盔，防禦的效果
雖低，但威嚇的效果頗高。

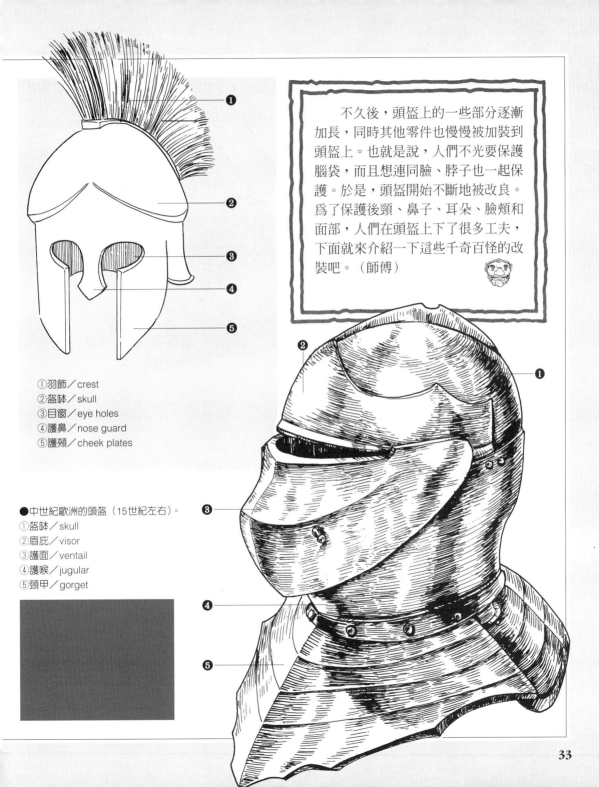

①羽飾／crest
②盔缽／skull
③目窗／eye holes
④護鼻／nose guard
⑤護頰／cheek plates

●中世紀歐洲的頭盔（15世紀左右）。
①盔缽／skull
②眉庇／visor
③護面／ventail
④護喉／jugular
⑤頸甲／gorget

不久後，頭盔上的一些部分逐漸加長，同時其他零件也慢慢被加裝到頭盔上。也就是說，人們不光要保護腦袋，而且想連同臉、脖子也一起保護。於是，頭盔開始不斷地被改良。爲了保護後頸、鼻子、耳朵、臉頰和面部，人們在頭盔上下了很多工夫，下面就來介紹一下這些千奇百怪的改裝吧。（師傅）

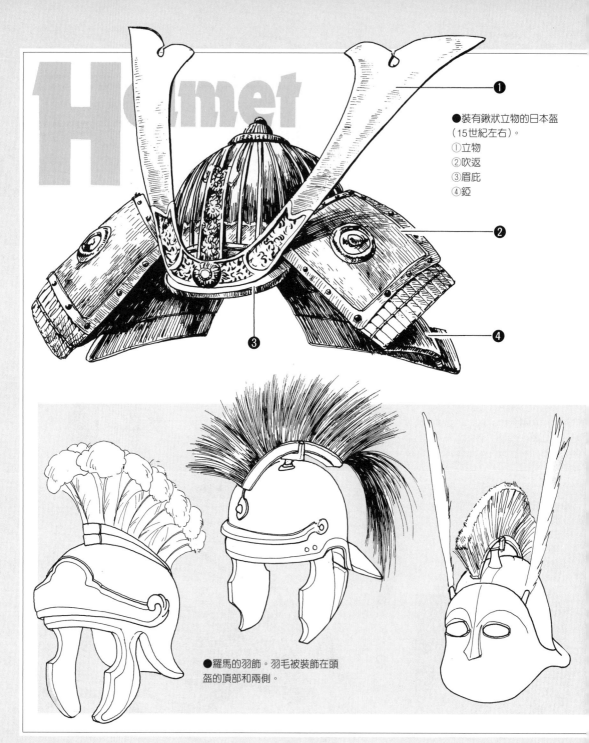

●装有鍬狀立物的日本盔
（15世紀左右）。
①立物
②吹返
③眉庇
④錣

●羅馬的羽飾。羽毛被裝飾在頭
盔的頂部和兩側。

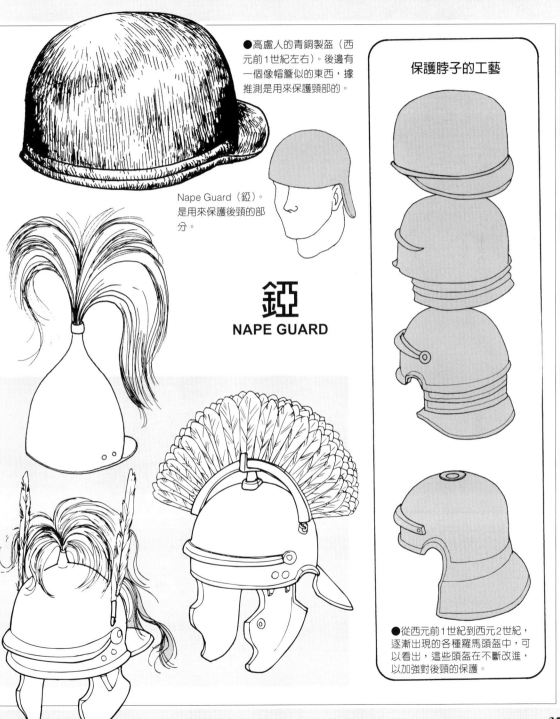

●高盧人的青銅製盔（西元前1世紀左右）。後邊有一個像帽簷似的東西，據推測是用來保護頸部的。

Nape Guard（錏）。是用來保護後頸的部分。

錏
NAPE GUARD

保護脖子的工藝

●從西元前1世紀到西元2世紀，逐漸出現的各種羅馬頭盔中，可以看出，這些頭盔在不斷改進，以加強對後頸的保護。

護頰
CHEEK PLATES

裝護頰是為了保護臉的側面，
大多數可以拆卸。

●羅馬軍團兵的頭盔（1世紀左右）。
護頰用鉸鏈連接，可以卸下。

●7世紀左右，法蘭克人的星形
盔（Spangenhelm Helmet）。

●日本的面具與頭盔是分開
的，要透過叫做「緒」的帶
子繫在顏面或盔上。
①半首　②護頰　③護面

護面
FACE GUARD

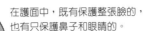

在護面中，既有保護整張臉的，也有只保護鼻子和眼睛的。

●裝有面具（Face Mask）的中世紀歐洲頭盔（13世紀初左右），盔上裝有一塊護住面部的保護板，板上開有呼吸孔和眼孔。

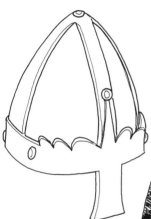

●諾曼人的頭盔（11世紀左右）。護面和護鼻是最有標誌性的部分。雖然只是向臉部正中央伸出一塊鐵板，但已經可以防止臉部受到致命攻擊。

●盎格魯薩克遜人的頭盔（8世紀中期左右）。裝有大號的護鼻和護頰。為保護後頸，頭盔後邊裝了用鏈子繫住的鎖子甲。

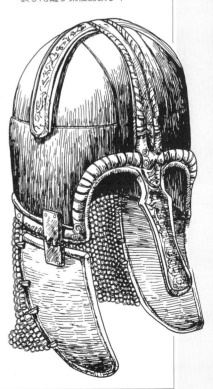

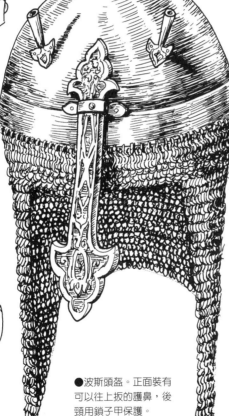

●裝有護目的維京人頭盔（8世紀左右）。

●波斯頭盔。正面裝有可以往上扳的護鼻，後頸用鎖子甲保護。

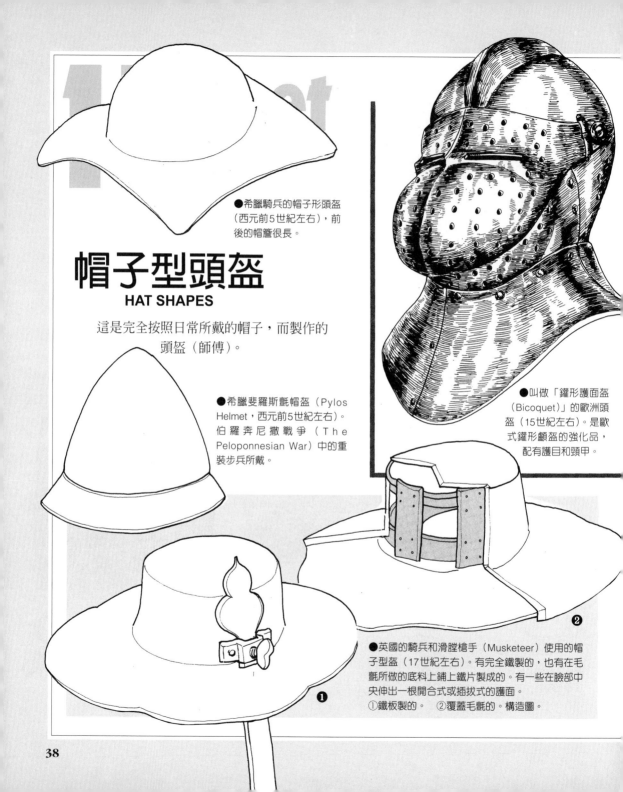

●希臘騎兵的帽子形頭盔
（西元前5世紀左右），前
後的帽簷很長。

帽子型頭盔
HAT SHAPES

這是完全按照日常所戴的帽子，而製作的
頭盔（師傅）。

●希臘斐羅斯氈帽盔（Pylos
Helmet，西元前5世紀左右）。
伯羅奔尼撒戰爭（The
Peloponnesian War）中的重
裝步兵所戴。

●叫做「鑵形護面盔
（Bicoquet）」的歐洲頭
盔（15世紀左右）。是歐
式鑵形顱盔的強化品，
配有護目和頸甲。

●英國的騎兵和滑膛槍手（Musketeer）使用的帽
子型盔（17世紀左右）。有完全鐵製的，也有在毛
氈所做的底料上鋪上鐵片製成的。有一些在臉部中
央伸出一根開合式或插拔式的護面。
①鐵板製的。　②覆蓋毛氈的。構造圖。

❶　　**❷**

中世紀以來的頭盔

在歐洲邁入中世紀以後，各種頭盔競相登場。功能更強，外形更加成熟洗練，而最終又都向著更實用的方向發展。（師傅）

●樽形（Barrel）盔。中世紀歐洲的騎士所用。為樽形或甕形頭盔（13世紀左右）重達2.5公斤。需要戴在用布或鎖子甲製成的頭巾上，有的安上了木製或皮製的立物裝飾。盔的巨大重量壓在頭頂上，給脖子造成很大負擔。而且由於視野較差，在混戰當中難以明斷戰場形勢。

●被稱作「Armet」的歐式雙層護面頭盔（15世紀中葉左右）。更加輕便，形狀與頭骨更加吻合。因為要戴在頭甲上，所以它與桶形盔（Basket Helmet）和歐式鏈形顱盔（Basinet）等不同，重量可以由肩部加以支撐。護頰用鉸鏈連接，可以向兩邊打開。頸部後方裝有一個圓盤，重約3.5公斤。

●雙層護面盔打開面罩的樣子。

●被稱作「Barbute」的歐式全罩單盔（14世紀左右）。重約3公斤。

●被稱為「Basinet」的歐式鏈形顱盔（14世紀左右）。儘管前額是暴露的，但裝上帽簷的話，就可使臉部受到保護。頭頂有圓的，也有尖的，這是裝有帽簷的一種。

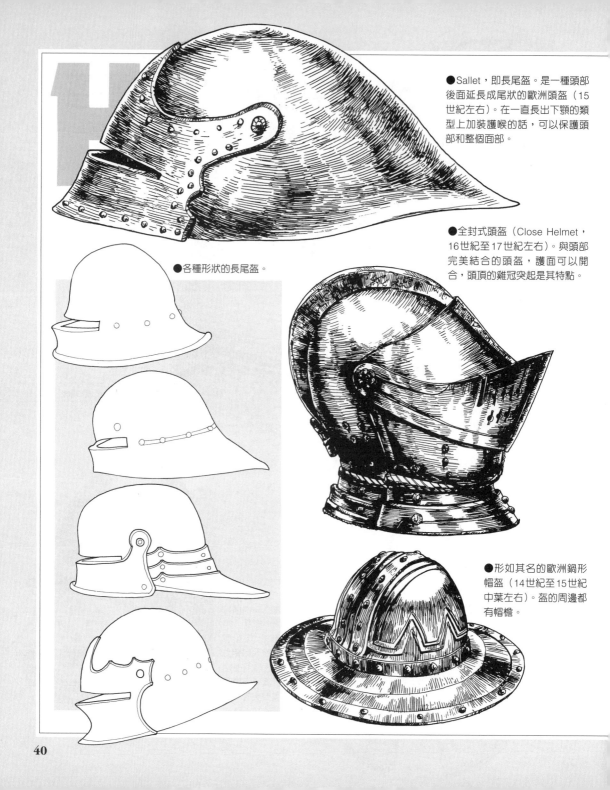

●Sallet，即長尾盔。是一種頭部後面延長成尾狀的歐洲頭盔（15世紀左右）。在一直長出下顎的類型上加裝護喉的話，可以保護頭部和整個面部。

●各種形狀的長尾盔。

●全封式頭盔（Close Helmet，16世紀至17世紀左右）。與頭部完美結合的頭盔，護面可以開合，頭頂的雞冠突起是其特點。

●形如其名的歐洲鍋形帽盔（14世紀至15世紀中葉左右）。盔的周邊都有帽檐。

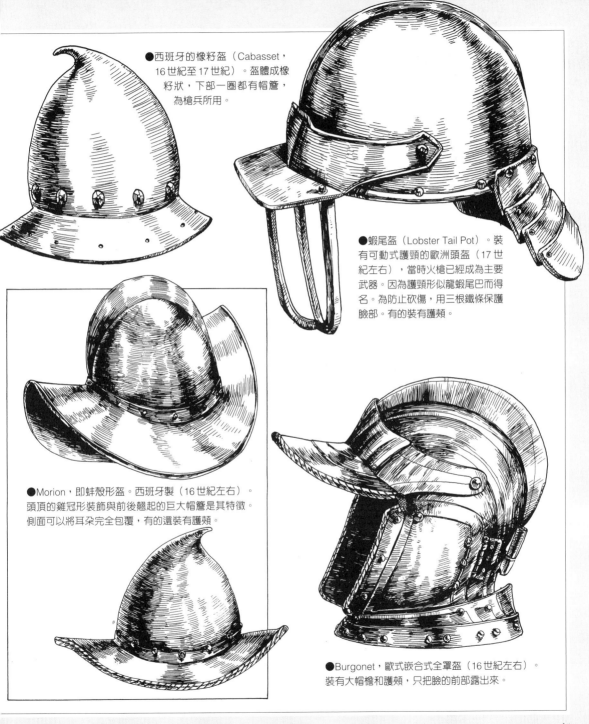

●西班牙的橡籽盔（Cabasset，16世紀至17世紀）。盔體成橡籽狀，下部一圈都有帽簷，為槍兵所用。

●蝦尾盔（Lobster Tail Pot）。裝有可動式護頸的歐洲頭盔（17世紀左右），當時火槍已經成為主要武器。因為護頸形似龍蝦尾巴而得名。為防止砍傷，用三根鐵條保護臉部。有的裝有護頰。

●Morion，即蚌殼形盔。西班牙製（16世紀左右）。頭頂的雞冠形裝飾與前後翹起的巨大帽簷是其特徵。側面可以將耳朵完全包覆，有的還裝有護頰。

●Burgonet，歐式嵌合式全罩盔（16世紀左右）。裝有大帽簷和護頰，只把臉的前部露出來。

Armor

鎧甲

　　不論如何善於使用盾牌，當遭到多數攻擊，或背後而來的偷襲時，還是難以防備。那麼，為什麼不直接保護身體呢？於是鎧甲應運而生。

　　隨著武器的進步，鎧甲也隨之做得更厚、更堅固。但別忘了，它是有極限的，總不能讓穿上它的人動彈不得呀。

　　也就是說，鎧甲雖然越厚越結實，但同時重量相應增加，動作相對也受到限制。鎧甲的歷史，就是克服這一矛盾過程的歷史；在越來越厚的同時，還要使它輕便化，以便於活動。這是可以做到的。

　　鎧甲的材料也不光是鐵。自古人們就用各種各樣的東西來護身。在本工坊，那些古老的鎧甲也一應俱全。什麼？這當中不是有人只穿著衣服嗎？布片雖然缺少白銀鎖子甲那樣的防具之美，但同樣也是很有效的防具呢！話不多說，您還是先仔細看看吧！（師傅）

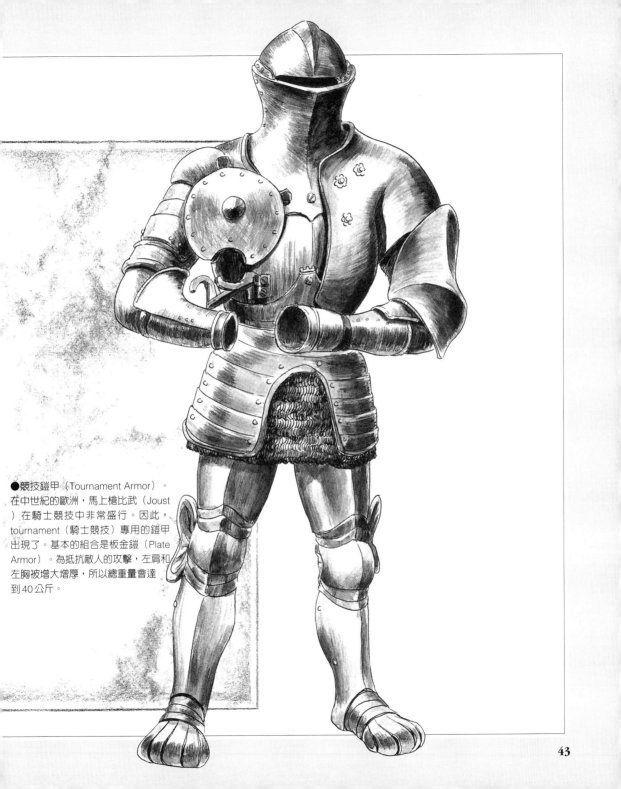

●競技鎧甲（Tournament Armor）。
在中世紀的歐洲，馬上槍比武（Joust）在騎士競技中非常盛行。因此，tournament（騎士競技）專用的鎧甲出現了。基本的組合是板金鎧（Plate Armor）。為抵抗敵人的攻擊，左肩和左胸被增大增厚，所以總重量會達到40公斤。

43

Armor

布甲由於防護效果最弱，被說成最原始的鎧甲也不爲過。但如果阮囊羞澀，或者不想妨礙運動，您或許會用得著它。特別是主要以弓箭作戰的各位，更完全沒必要穿著厚重的鎧甲。但如果發現即將身陷近戰，可以先逃避到安全地帶，然後再次射箭。布甲也因用途而有不同。（師傅）

●希臘輕裝步兵的裝備（西元前5世紀左右）。身上只穿著普通的衣服。他們的作用是在重裝步兵發起進攻前騷擾敵人。所以裝備力求輕便。

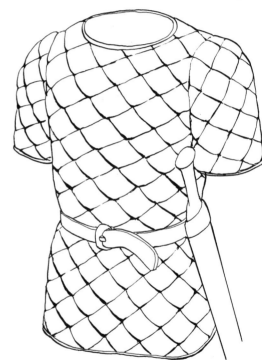

●在布製底料裡填上棉花，再縫上網格（quilting）的「棉墊甲」（Padded Armor）。這種鎧甲重量極輕，但防護能力也不高。

布甲
CLOTH ARMOR

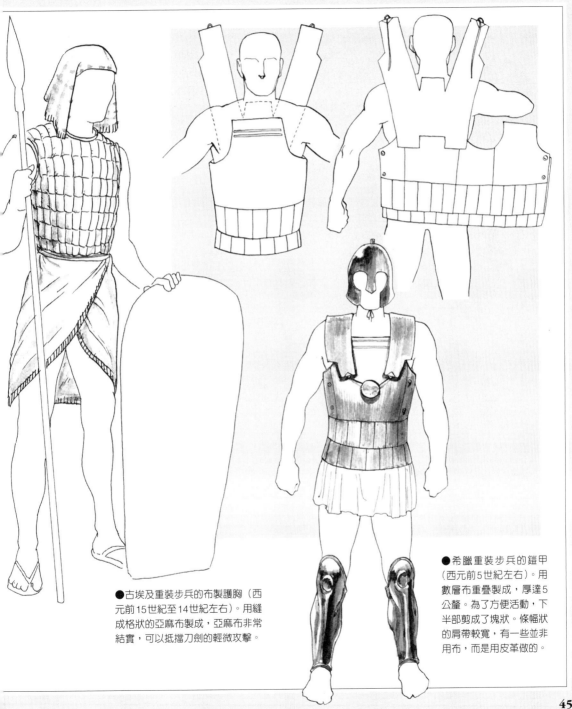

●古埃及重裝步兵的布製護胸（西元前15世紀至14世紀左右）。用縫成格狀的亞麻布製成，亞麻布非常結實，可以抵擋刀劍的輕微攻擊。

●希臘重裝步兵的鎧甲（西元前5世紀左右）。用數層布重疊製成，厚達5公釐。為了方便活動，下半部剪成了塊狀。條幅狀的肩帶較寬，有一些並非用布，而是用皮革做的。

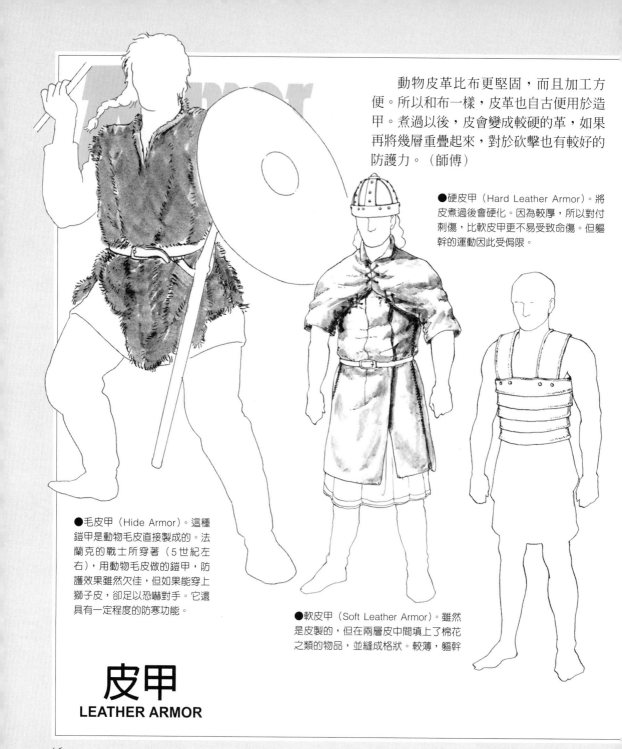

動物皮革比布更堅固，而且加工方便。所以和布一樣，皮革也自古便用於造甲。煮過以後，皮會變成較硬的革，如果再將幾層重疊起來，對於砍擊也有較好的防護力。（師傅）

●硬皮甲（Hard Leather Armor）。將皮煮過後會硬化。因為較厚，所以對付刺傷，比軟皮甲更不易受致命傷。但軀幹的運動因此受侷限。

●毛皮甲（Hide Armor）。這種鎧甲是動物毛皮直接製成的。法蘭克的戰士所穿著（5世紀左右），用動物毛皮做的鎧甲，防護效果雖然欠佳，但如果能穿上獅子皮，卻足以恐嚇對手。它還具有一定程度的防寒功能。

●軟皮甲（Soft Leather Armor）。雖然是皮製的，但在兩層皮中間填上了棉花之類的物品，並縫成格狀。較薄，軀幹

皮甲
LEATHER ARMOR

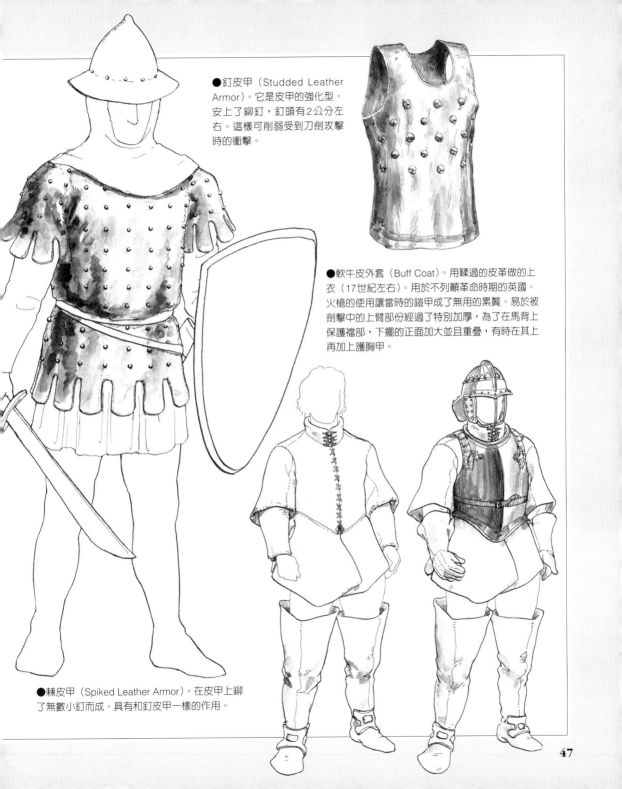

●釘皮甲（Studded Leather Armor）。它是皮甲的強化型。安上了鉚釘，釘頭有2公分左右。這樣可削弱受到刀劍攻擊時的衝擊。

●軟牛皮外套（Buff Coat）。用鞣過的皮革做的上衣（17世紀左右）。用於不列顛革命時期的英國。火槍的使用讓當時的鎧甲成了無用的累贅。易於被劍擊中的上臂部份經過了特別加厚，為了在馬背上保護襠部，下擺的正面加大並且重疊，有時在其上再加上護胸甲。

●棘皮甲（Spiked Leather Armor）。在皮甲上鉚了無數小釘而成。具有和釘皮甲一樣的作用。

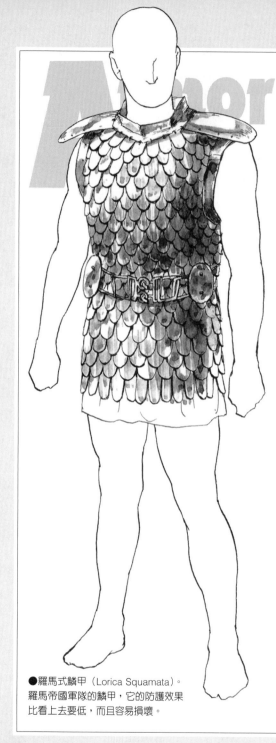

●羅馬式鱗甲（Lorica Squamata）。
羅馬帝國軍隊的鱗甲，它的防護效果
比看上去要低，而且容易損壞。

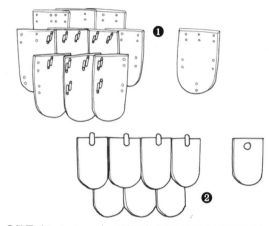

●鱗甲（Scale Armor）。是將甲片用線縫在布料或皮革上而
　成。但如縫線斷裂之類的堅固性問題隨之產生。但由於誰都
　可以修理和製作，鱗甲仍然比鎖子甲便宜。
①從側面的小孔將鱗片穿上線，相互重疊排成一列。
②將線穿過上部較大的孔，將鱗片和底料縫在一起。在孔附
　近，為防止斷線，要打上結。

　　鱗甲的製作方法是，將皮革、金屬等堅硬材料
製成甲片，然後打孔，並縫在一起，最後再縫到皮
或布上。完成後外觀如同魚鱗。穿上後也絲毫不影
響軀幹的彎曲，因此主要被用於胸甲。

　　在文明發達的地區（四大文明發祥地），自古
便有青銅製的鱗甲。最初也許是出於節約貴重金屬
的考量，在歐洲直到鎖子甲普及的10世紀仍在使
用。因為只要做出大量相同的甲片即可，不需要很
高的技術。（師傅）

鱗甲
SCALE ARMOR

綴甲
lamellar

綴甲是將金屬薄片以皮
條串連製成的。日本甲基本
上也屬於此類。（師傅）

●日本的掛甲（5世紀左右）。
將皮革或金屬板切成條，而後
相互重疊著用皮條連綴起來。
儘管由於甲片相互壓疊而提高
了防護強度，但如果全身穿
用，就會因為過重而不適宜徒
步作戰。這種類型在亞洲大陸
的遊牧民族裡也較常見。

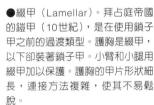

●綴甲（Lamellar）。拜占庭帝國
的鎧甲（10世紀），是在使用鎖子
甲之前的過渡類型。護胸是綴甲，
以下卻裝著鎖子甲。小臂和小腿用
綴甲加以保護。護胸的甲片形狀細
長，連接方法複雜，使其不易鬆
脫。

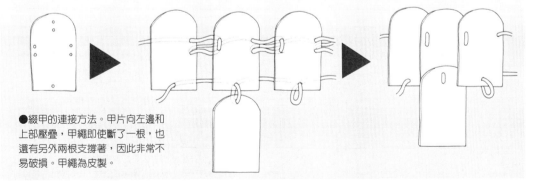

●綴甲的連接方法。甲片向左邊和
上部壓疊，甲繩即使斷了一根，也
還有另外兩根支撐著，因此非常不
易破損。甲繩為皮製。

●鎖子甲。易於活動，適於實戰，但製作起來頗費時間。後來，將以鉚釘固定的環與尚未鉚接的環連接起來的方式，使時間縮短到原來的四分之一。為了輕便，從腰至腿使用了皮甲。上臂也是皮甲。由於製甲術尚未發展到完全適應人類體型的程度，所以沒有安裝袖子。為了減輕鎧甲重量與對運動的障礙，安裝了覆肩甲。覆肩甲有希臘風格的，也有魚鱗狀的克爾特風格的。

鎖子甲
CHAIN MAIL

　　鎖子甲是用直徑2公分左右的金屬小環製成的，先將它們連成鏈形，再連綴成甲。有人說它是克爾特人最早發明的。

　　魚鱗甲具有不錯的防護力，但唯一缺點就是過重。在這方面，鎖子甲不僅重量大減，而且不易破損，並有柔軟的優點，缺點是防護力偏弱。對劍的砍傷防護較好，對打擊武器和穿刺武器防護較弱。特別是穿刺武器，可以輕鬆貫穿鎖子甲。另外，由於走路時會嘩嘩作響，故不適合盜賊和刺客使用。（師傅）

●歐式鱗甲（Hauberk）。歐洲的鎖子甲叫做「Hauberk」，這件是法國貴族所穿的（13世紀左右），重約20公斤。袖子有將肘、腕或整個手掌包裹起來的各種樣式。通常是從脖子到胸口為一段，另一段連著袖子從前面敞開，並用帶子繫住。

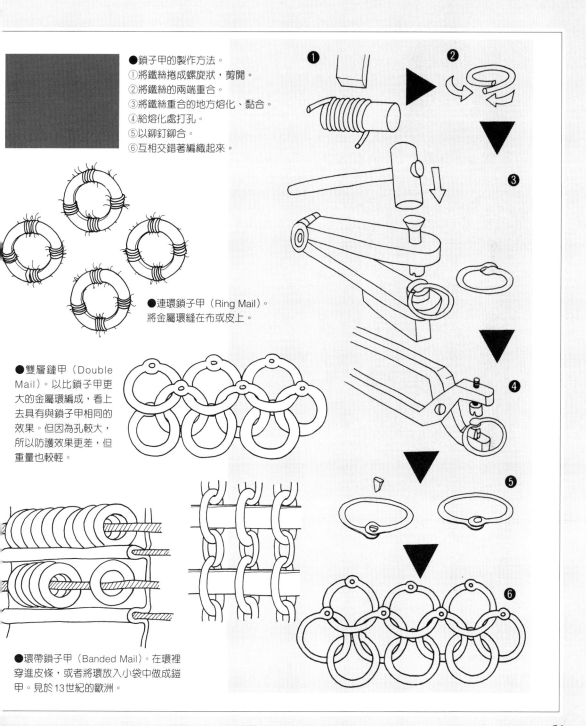

●鎖子甲的製作方法。
①將鐵絲捲成螺旋狀，剪開。
②將鐵絲的兩端重合。
③將鐵絲重合的地方熔化、黏合。
④給熔化處打孔。
⑤以鉚釘鉚合。
⑥互相交錯著編織起來。

❶ ❷ ❸ ❹ ❺ ❻

●連環鎖子甲（Ring Mail）。
將金屬環縫在布或皮上。

●雙層鏈甲（Double Mail）。以比鎖子甲更大的金屬環編成，看上去具有與鎖子甲相同的效果。但因為孔較大，所以防護效果更差，但重量也較輕。

●環帶鎖子甲（Banded Mail）。在環裡穿進皮條，或者將環放入小袋中做成鎧甲。見於13世紀的歐洲。

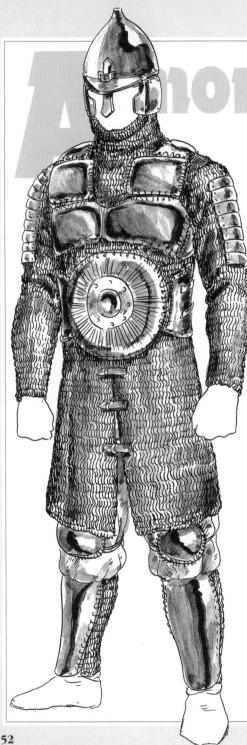

Armor

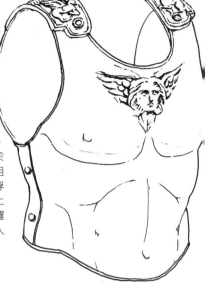

●羅馬式胸甲（Lorica）。古羅馬代表性鎧甲。屬於板鎧，由胸甲和背甲組成。胸甲上有華麗的浮雕。多數會在腰上和肩上裝上皮條。這種鎧甲在羅馬時代只有地位較高的人可以穿。

●環帶鎖子甲（Banded Mail）。胸部裝有長方形或正方形的鐵板，其他部分覆蓋鎖子甲。主要出現在東歐，也叫碎片甲（Split Mail）。

板金鎧
PLATE ARMOR

　　板金鎧是將金屬板緊繃在身體上的一種鎧甲。在歐洲，由於弩和長弓的發達，鎖子甲基本上派不上用場。同時，為了滿足騎士競技的需要，板金鎧終於出現了。

　　雖然可以說是最強的鎧甲類型，它也存在明顯的缺點。如果包括頭盔，全套重量可達40公斤，有的超過60公斤，這使之難以適應長時間戰鬥。而且在發射型火器（步槍、火炮）普及後，它更成了無用的累贅。（師傅）

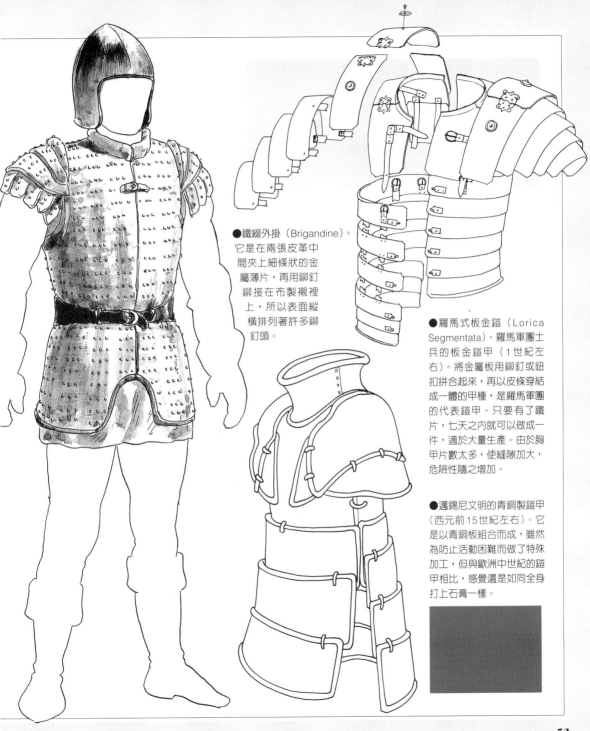

●鐵綴外掛（Brigandine）。它是在兩張皮革中間夾上細條狀的金屬薄片，再用鉚釘鉚接在布製襯裡上，所以表面縱橫排列著許多鉚釘頭。

●羅馬式板金鎧（Lorica Segmentata）。羅馬軍團士兵的板金鎧甲（1世紀左右）。將金屬板用鉚釘或鈕扣拼合起來，再以皮條穿結成一體的甲種，是羅馬軍團的代表鎧甲。只要有了鐵片，七天之內就可以做成一件，適於大量生產。由於胸甲片數太多，使縫隙加大，危險性隨之增加。

●邁錫尼文明的青銅製鎧甲（西元前15世紀左右）。它是以青銅板組合而成，雖然為防止活動困難而做了特殊加工，但與歐洲中世紀的鎧甲相比，感覺還是如同全身打上石膏一樣。

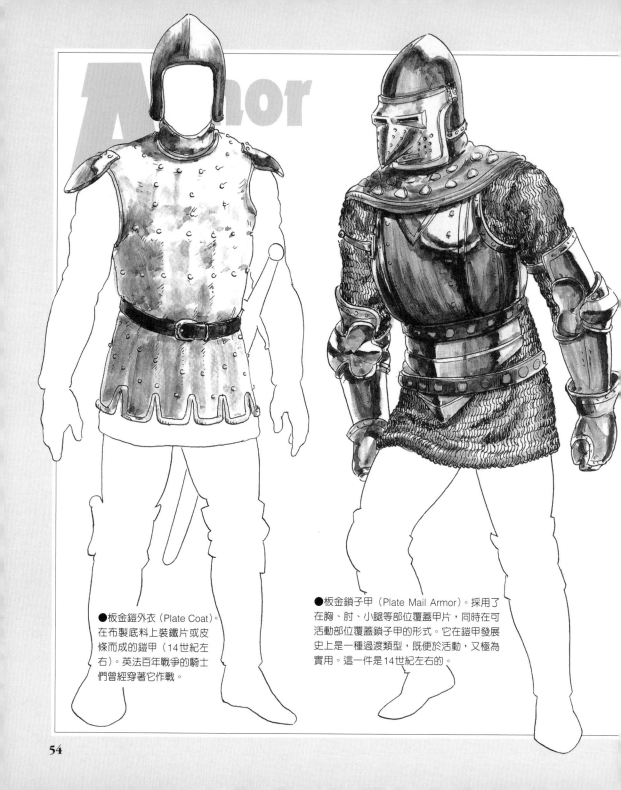

●板金鎧外衣（Plate Coat）。在布製底料上裝鐵片或皮條而成的鎧甲（14世紀左右）。英法百年戰爭的騎士們曾經穿著它作戰。

●板金鎖子甲（Plate Mail Armor）。採用了在胸、肘、小腿等部位覆蓋甲片，同時在可活動部位覆蓋鎖子甲的形式。它在鎧甲發展史上是一種過渡類型，既便於活動，又極為實用。這一件是14世紀左右的。

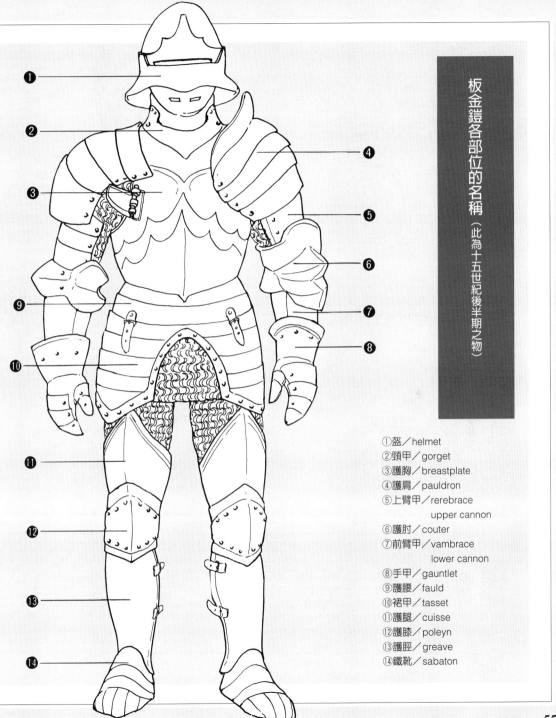

①盔／helmet
②頸甲／gorget
③護胸／breastplate
④護肩／pauldron
⑤上臂甲／rerebrace
　　　　upper cannon
⑥護肘／couter
⑦前臂甲／vambrace
　　　　lower cannon
⑧手甲／gauntlet
⑨護腰／fauld
⑩裙甲／tasset
⑪護腿／cuisse
⑫護膝／poleyn
⑬護脛／greave
⑭鐵靴／sabaton

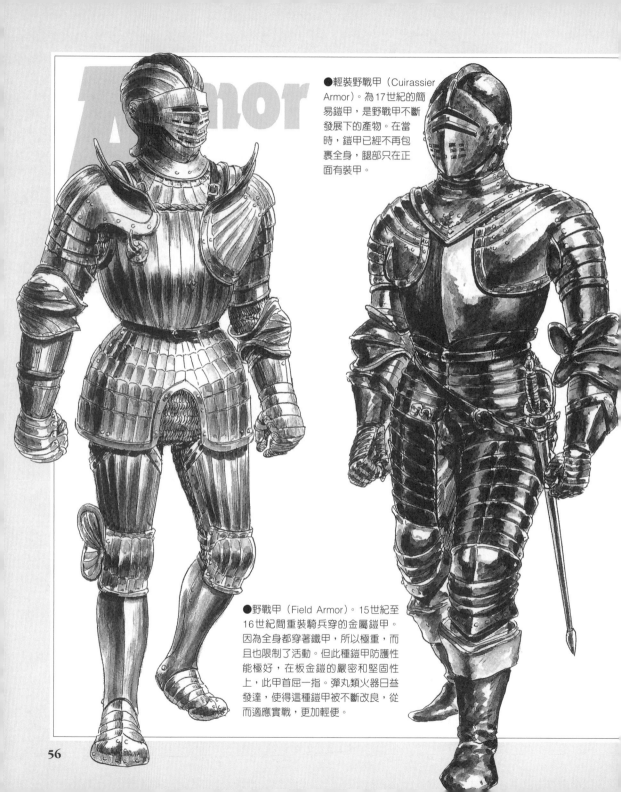

Armor

●輕裝野戰甲（Cuirassier Armor）。為17世紀的簡易鎧甲，是野戰甲不斷發展下的產物。在當時，鎧甲已經不再包裹全身，腿部只在正面有裝甲。

●野戰甲（Field Armor）。15世紀至16世紀間重裝騎兵穿著的金屬鎧甲。因為全身都穿著鐵甲，所以極重，而且也限制了活動。但此種鎧甲防護性能極好，在板金鎧的嚴密和堅固性上，此甲首屈一指。彈丸類火器日益發達，使得這種鎧甲被不斷改良，從而適應實戰，更加輕便。

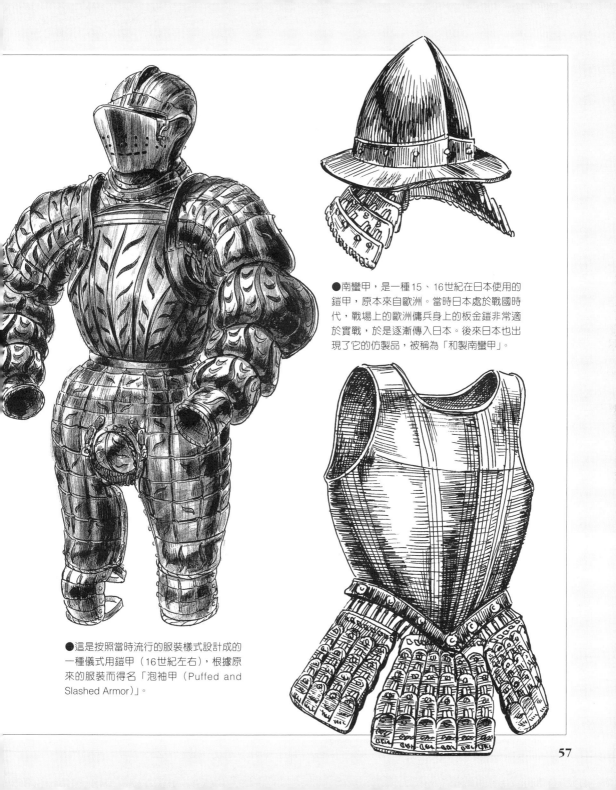

●南蠻甲，是一種15、16世紀在日本使用的鎧甲，原本來自歐洲。當時日本處於戰國時代，戰場上的歐洲傭兵身上的板金鎧非常適於實戰，於是逐漸傳入日本。後來日本也出現了它的仿製品，被稱為「和製南蠻甲」。

●這是按照當時流行的服裝樣式設計成的一種儀式用鎧甲（16世紀左右），根據原來的服裝而得名「泡袖甲（Puffed and Slashed Armor）」。

FLOOR
1

戦士
FIGHTER

從下面開始，請各位仔細欣賞本店引以為榮的商品吧。

這一層的物品，在用來戰鬥的器物中……

不，在所有與戰鬥有關的東西中，都稱得上極品。

英勇果敢的戰士們！大家能用到的裝備在這裡一應俱全。

雖然大家都叫「戰士」，但說到戰鬥者，

步兵、騎士也都可叫做戰士。

根據本店的規矩，這一層的東西只供應給狹義的戰士，

即專門從事「戰士」這一職業的人。

本店在這裡陳設的商品，都是根據「典型戰士」的用品製造的。

即便只有一個人，戰士也勇於面對危險，

並有足夠的勇氣和判斷力，去挑戰危險。

同時，他們還是擁有嫻熟戰鬥技巧的職業戰士。

正是具備這些內在條件，他們才算當之無愧的典型戰士。

所謂專業人士可以用任何武器作戰的說法純粹是謠傳。

為了完成任務，使用與任務相應的武器是必要的。

*毋*庸贅言，武器與各位的身家性命及報酬密切相關。

總之，戰士們在武器裝備上可小氣不得。

武器和防具是戰士的靈魂。

另外，因為此處主要陳列了各種刀劍，

所以也請其他職業的各位順便瞧瞧吧！

請進！大家請往裡走！（店主）

Traditional style

正統派戰士

先請各位從正統派戰士的裝備開始看吧。什麼？您說不知何謂正統派？為了明白起見，我們改稱其為「體面優越的戰士」就好辦了。英俊的戰士卻拿著奇形怪狀的武器，這必然不好看。他們首先仍須選擇與自己外形相配的挺拔長劍啊。憑著力量奮勇劈砍、刺殺的攻擊方式，無論怎麼說都是戰士的最高境界。

其次，全身披掛板金鎧、將自己完全包裹在臃腫的防具中是不行的。這是因為戰士必須擁有能應付各種情況的靈敏性。如果對自己的本事有自信，那麼那些輕便堅韌、靈活性高的鎧甲顯然更為理想，因為即使穿上了也能迅速脫離戰場。齊腰的鎖子甲就不錯，如有能力，半身板金鎧（Half Plate）就更好了。這種款式時下正流行呢！大家對頭盔雖然不太關心，但如果要戴，還是不要遮住臉較好。合格的戰士不會忘了在展示強悍的同時，推銷自己喔！（店主）

●身穿半身板金鎧的戰士（17
世紀左右）。半身板金鎧是將板
甲進行改良，使其更便於活動
的產物，僅僅覆蓋了上半身。

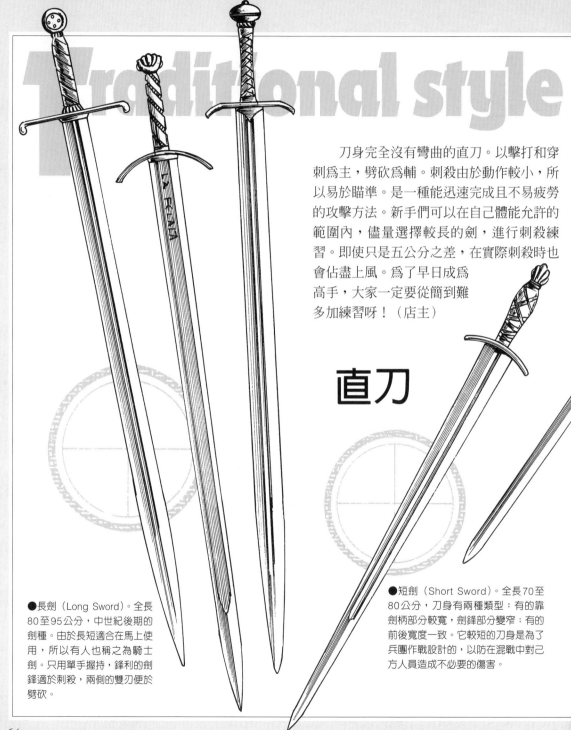

Traditional style

刀身完全沒有彎曲的直刀。以擊打和穿刺為主,劈砍為輔。刺殺由於動作較小,所以易於瞄準。是一種能迅速完成且不易疲勞的攻擊方法。新手們可以在自己體能允許的範圍內,儘量選擇較長的劍,進行刺殺練習。即使只是五公分之差,在實際刺殺時也會佔盡上風。為了早日成為高手,大家一定要從簡到難多加練習呀!(店主)

直刀

●長劍(Long Sword)。全長80至95公分,中世紀後期的劍種。由於長短適合在馬上使用,所以有人也稱之為騎士劍。只用單手握持,鋒利的劍鋒適於刺殺,兩側的雙刃便於劈砍。

●短劍(Short Sword)。全長70至80公分,刀身有兩種類型:有的靠劍柄部分較寬,劍鋒部分變窄;有的前後寬度一致。它較短的刀身是為了兵團作戰設計的,以防在混戰中對己方人員造成不必要的傷害。

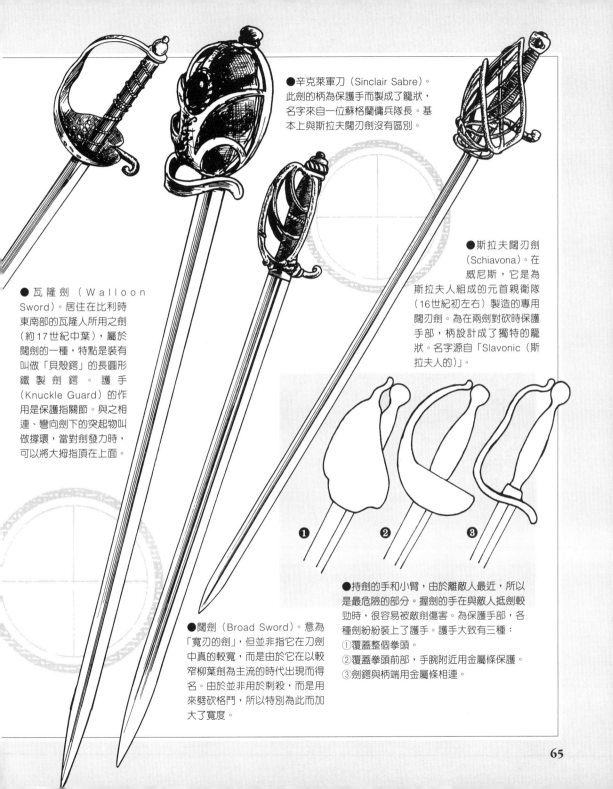

●辛克萊軍刀（Sinclair Sabre）。此劍的柄為保護手而製成了籠狀，名字來自一位蘇格蘭傭兵隊長。基本上與斯拉夫闊刃劍沒有區別。

● 瓦 隆 劍（Walloon Sword）。居住在比利時東南部的瓦隆人所用之劍（約17世紀中葉），屬於闊劍的一種，特點是裝有叫做「貝殼鍔」的長圓形鐵 製 劍 鍔 。 護 手（Knuckle Guard）的作用是保護指關節。與之相連、彎向劍下的突起物叫做撐環，當對劍發力時，可以將大拇指頂在上面。

●斯拉夫闊刃劍（Schiavona）。在威尼斯，它是為斯拉夫人組成的元首親衛隊（16世紀初左右）製造的專用闊刃劍。為在兩劍對砍時保護手部，柄設計成了獨特的籠狀。名字源自「Slavonic（斯拉夫人的）」。

❶ ❷ ❸

●持劍的手和小臂，由於離敵人最近，所以是最危險的部分。握劍的手在與敵人抵劍較勁時，很容易被敵劍傷害。為保護手部，各種劍紛紛裝上了護手。護手大致有三種：
①覆蓋整個拳頭。
②覆蓋拳頭前部，手腕附近用金屬條保護。
③劍鍔與柄端用金屬條相連。

●闊劍（Broad Sword）。意為「寬刃的劍」，但並非指它在刀劍中真的較寬，而是由於它在以較窄柳葉劍為主流的時代出現而得名。由於並非用於刺殺，而是用來劈砍格鬥，所以特別為此而加大了寬度。

Traditional style

●配劍（Hanger）。與騎兵使用的軍刀相同，用於劈砍。

●水手用軍刀（Cutlass）。水手使用的軍刀，比戰刀更大，類似闊劍。

●法國士兵（16世紀左右）。護頸、護胸、護背、裙甲和護腕都用皮帶繫著。

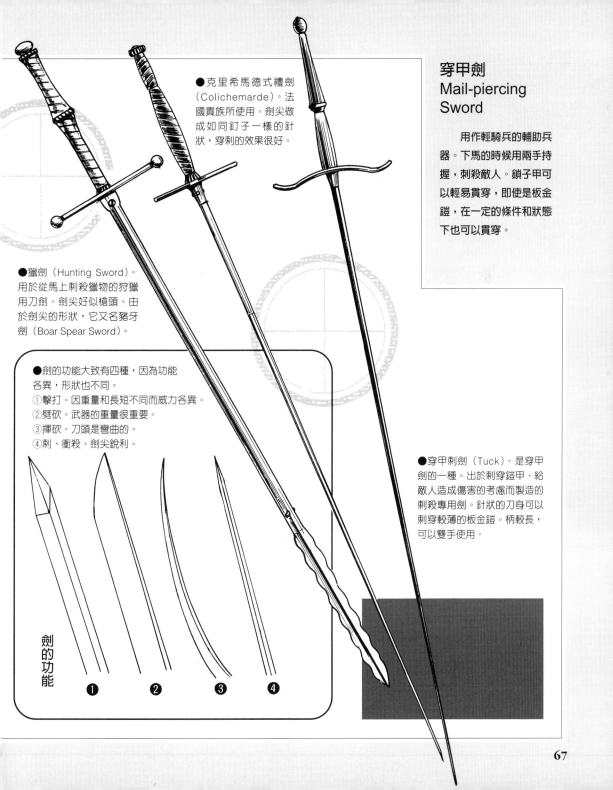

●克里希馬德式禮劍
（Colichemarde）。法
國貴族所使用。劍尖做
成如同釘子一樣的針
狀，穿刺的效果很好。

穿甲劍
Mail-piercing Sword

　　用作輕騎兵的輔助兵
器。下馬的時候用兩手持
握，刺殺敵人。鎖子甲可
以輕易貫穿，即使是板金
鎧，在一定的條件和狀態
下也可以貫穿。

●獵劍（Hunting Sword）。
用於從馬上刺殺獵物的狩獵
用刀劍。劍尖好似槍頭。由
於劍尖的形狀，它又名豬牙
劍（Boar Spear Sword）。

●劍的功能大致有四種，因為功能
各異，形狀也不同。
①擊打。因重量和長短不同而威力各異。
②劈砍。武器的重量很重要。
③揮砍。刀頭是彎曲的。
④刺、衝殺。劍尖銳利。

●穿甲刺劍（Tuck）。是穿甲
劍的一種。出於刺穿鎧甲、給
敵人造成傷害的考慮而製造的
刺殺專用劍。針狀的刀身可以
刺穿較薄的板金鎧。柄較長，
可以雙手使用。

劍的功能

❶　　　❷　　　❸　　　❹

●15世紀左右的歐洲士
兵。重疊穿著鎖子甲、
布甲和鐵綴外掛。

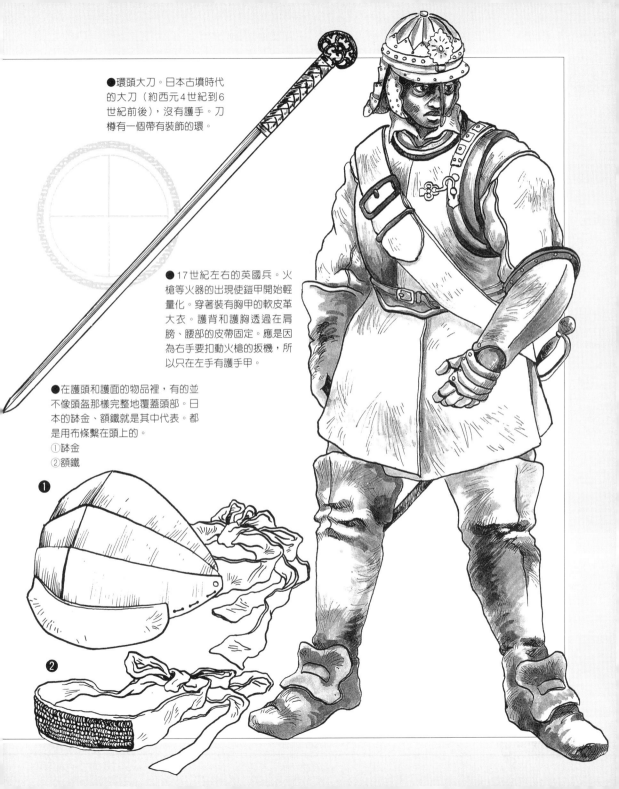

●環頭大刀。日本古墳時代的大刀（約西元4世紀到6世紀前後），沒有護手。刀樽有一個帶有裝飾的環。

●17世紀左右的英國兵。火槍等火器的出現使鎧甲開始輕量化。穿著裝有胸甲的軟皮革大衣。護背和護胸透過在肩膀、腰部的皮帶固定。應是因為右手要扣動火槍的扳機，所以只在左手有護手甲。

●在護頭和護面的物品裡，有的並不像頭盔那樣完整地覆蓋頭部。日本的缽金、額鐵就是其中代表。都是用布條繫在頭上的。
①缽金
②額鐵

❶

❷

Traditional style

短槍

想成爲戰士的話，可以選擇短槍。短槍是較短的槍，約1.2到1.5公尺左右。比劍更長，長度和重量又不造成累贅，所以適合新手使用。貫穿力強於劍，又不需要用劍那樣高的技術。（店主）

●日本用的短槍。用於在室內等狹窄地域或混戰中使用。基本上不會用於投擲。

●最一般的短槍（Short Spear）。可以刺殺、投擲。

●四角棍（Quarterstaff）。用於對付幾乎沒有攜帶防具的敵人。

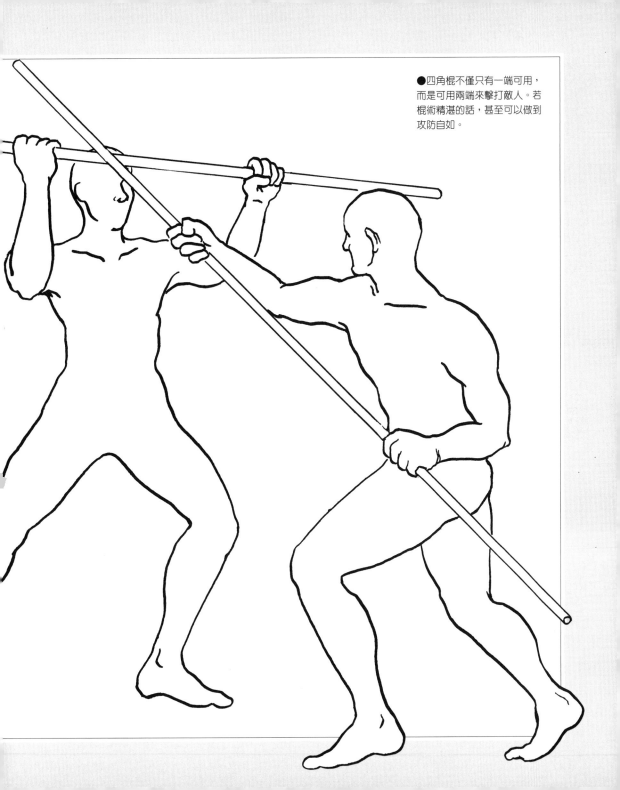

●四角棍不僅只有一端可用，
而是可用兩端來擊打敵人。若
棍術精湛的話，甚至可以做到
攻防自如。

Strange style

奇特的戰士

　　身為戰士，不能忘了展現自己的獨特魅力。與眾不同的武器和造型，可以為自己爭取更高的身價。而且因為大家是在出賣自己的生命，稍微特立獨行一點也無所謂啦！

　　在這個角落，我們準備了各種變過形的刀劍。很多是中東、亞洲的東西，另外也有產自歐洲的。這些劍裡不少都有動搖對手心理的作用呢！但是，有一些確實可以發揮如外觀一樣可怕的威力；此外，適應實戰、混戰的近距戰鬥用刀劍也應有盡有。（店主）

●德國平民傭兵的一般造型
（16世紀左右）。這種有著
燈籠狀裝飾（注2，P.351）
的衣服染成紅、黃或藍色，
並且還有著很大的「遮陰袋」
（注3，P.351）。

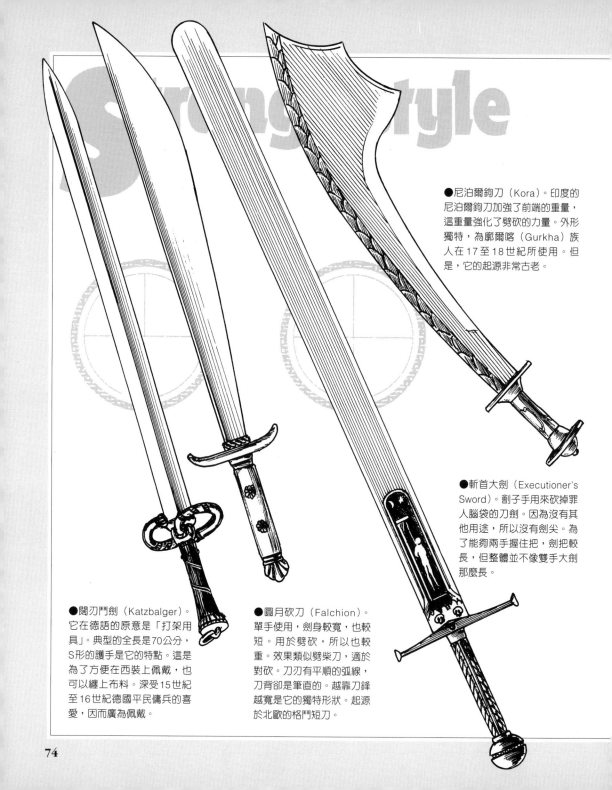

●尼泊爾鉤刀（Kora）。印度的尼泊爾鉤刀加強了前端的重量，這重量強化了劈砍的力量。外形獨特，為廓爾喀（Gurkha）族人在17至18世紀所使用。但是，它的起源非常古老。

●斬首大劍（Executioner's Sword）。劊子手用來砍掉罪人腦袋的刀劍。因為沒有其他用途，所以沒有劍尖。為了能夠兩手握住把，劍把較長，但整體並不像雙手大劍那麼長。

●闊刃鬥劍（Katzbalger）。它在德語的原意是「打架用具」。典型的全長是70公分，S形的護手是它的特點。這是為了方便在西裝上佩戴，也可以纏上布料。深受15世紀至16世紀德國平民傭兵的喜愛，因而廣為佩戴。

●圓月砍刀（Falchion）。單手使用，劍身較寬，也較短。用於劈砍，所以也較重。效果類似劈柴刀，適於對砍。刀刃有平順的弧線，刀背卻是筆直的。越靠刀鋒越寬是它的獨特形狀。起源於北歐的格鬥短刀。

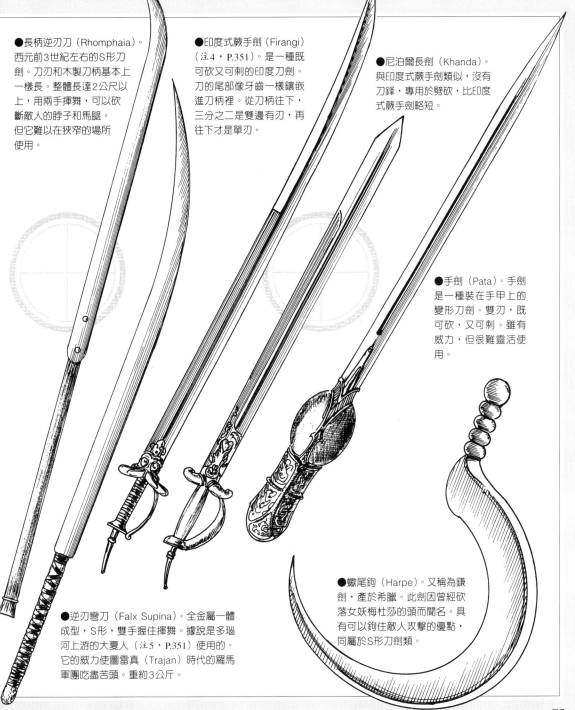

●長柄逆刃刀（Rhomphaia）。西元前3世紀左右的S形刀劍。刀刃和木製刀柄基本上一樣長。整體長達2公尺以上，用兩手揮舞，可以砍斷敵人的脖子和馬腿。但它難以在狹窄的場所使用。

●印度式蕨手劍（Firangi）（注4，P.351）。是一種既可砍又可刺的印度刀劍。刀的尾部像牙齒一樣鑲嵌進刀柄裡。從刀柄往下，三分之二是雙邊有刃，再往下才是單刃。

●尼泊爾長劍（Khanda）。與印度式蕨手劍類似，沒有刀鋒，專用於劈砍，比印度式蕨手劍略短。

●手劍（Pata）。手劍是一種裝在手甲上的變形刀劍。雙刃，既可砍，又可刺。雖有威力，但很難靈活使用。

●逆刃彎刀（Falx Supina）。全金屬一體成型，S形，雙手握住揮舞。據說是多瑙河上游的大夏人（注5，P.351）使用的。它的威力使圖雷真（Trajan）時代的羅馬軍團吃盡苦頭。重約3公斤。

●蠍尾鉤（Harpe）。又稱為鐮劍，產於希臘。此劍因曾經砍落女妖梅杜莎的頭而聞名。具有可以鉤住敵人攻擊的優點，同屬於S形刀劍類。

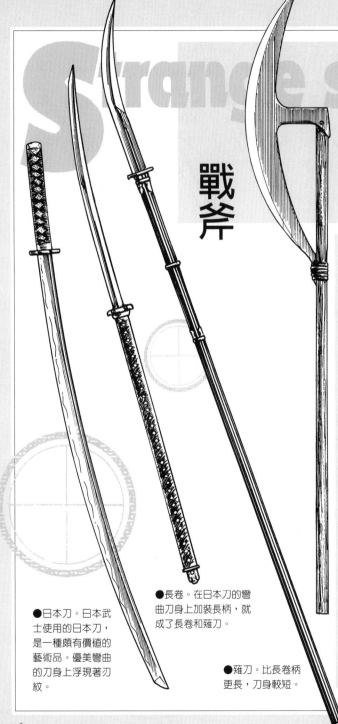

想必有人喜歡戰斧吧。戰斧有各種各樣的形狀，在此我們就介紹一種奇特的造型。（店主）

●新月斧（Crescent Axe）。是一種比蛾眉鉞還要大的戰斧。刃口部分長達1公尺，最長的有1.5公尺，只有東歐皇帝親衛隊的士兵裝備使用。

戰斧

歷史上主要的傭兵

- ●跟隨古波斯王子奇羅斯（Kyros）的希臘傭傭兵
- ●對抗亞歷山大大帝的希臘傭兵隊長門農（Memnon）
- ●迦太基僱用的斯巴達人詹地柏斯（Xanthippus）
- ●克里特（Creta）弓箭兵
- ●名將漢尼拔的克爾特人和象兵
- ●巴利阿里群島（Islas Baleares）的投石兵
- ●仕事於凱撒的精銳騎兵隊
- ●羅馬帝國的重裝弓箭兵
- ●拜占庭的瓦蘭金親衛隊
- ●英國長弓兵
- ●瑞士大槍兵
- ●德意志平民傭兵（Landsknecht）

●日本刀。日本武士使用的日本刀，是一種頗有價值的藝術品。優美彎曲的刀身上浮現著刃紋。

●長卷。在日本刀的彎曲刀身上加裝長柄，就成了長卷和薙刀。

●薙刀。比長卷柄更長，刀身較短。

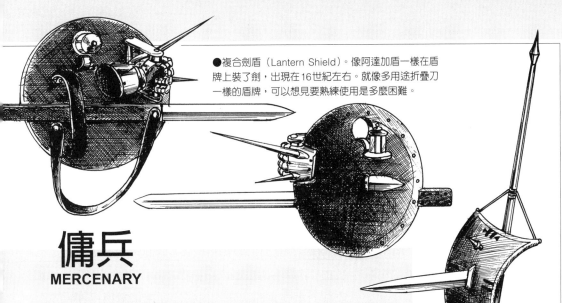

●複合劍盾（Lantern Shield）。像阿達加盾一樣在盾牌上裝了劍，出現在16世紀左右。就像多用途折疊刀一樣的盾牌，可以想見要熟練使用是多麼困難。

傭兵
MERCENARY

　　傭兵是爲了一定的酬勞被僱用的戰士，基本的任務是要能像戰士一樣作戰。他們歷史悠久，在歷史上，英勇的傭兵頻頻登場。其中有的人，如三十年戰爭中的傭兵隊長華倫斯坦（Wallenstein），還建立了自己的國家。

　　在多數情況下，傭兵的僱主都期待著他們高超的戰鬥技術。在還沒有常備軍的時代，會爲了提高緊急招募的本國士兵的作戰能力而僱傭兵；然而有時不僅是爲了戰鬥技術，仍會支付較高的佣金來聘用全面的軍事專家。凡是有一技之長的戰士，都可以加入成爲傭兵，作爲出人頭地、發財致富的捷徑。

　　要成爲傭兵，必須熟練掌握一些兵器的使用。如果因爲武藝高強而遠近馳名，顧客也會源源不斷。僱主不僅會保證裝備的供應，如果屢戰屢勝，還有可能獲得領地呢！

　　但是要記住，因爲只是被用錢僱來的，所以有時會輕易被拋棄。甚至還會被賦予遠比士兵們艱難的任務，在被利用後便遭拋棄。而且如果所屬的部隊久負盛名，爲了保持傳統，可能還會被禁止做出有損名譽的事。德國著名的平民傭兵，被嚴格的紀律約束著，膽怯者被一律處死！請記住，如果你臨陣脫逃，那麼等待你的，也許就是警戒後人的公開處決！（店主）

●阿達加盾（Adarga）。因摩爾人（Moor）使用而知名。盾牌本著重於防禦敵人的攻擊，但通過裝在盾上的劍和矛，也可以進行攻擊。

Power style

力量型戰士

　　在這個角落，我們為對自己臂力有信心的客人準備了又長又重的劍。如果是優秀的戰士，就需要能提高自己身價的武器。一般來說，勇猛的戰士會裝備攻擊力更強大的武器。它的代表就是被稱為 Two Handed Sword的雙手大劍。重量從2公斤到6公斤不等。

　　西洋的刀劍，較不具斬斷的功能，而更經常用來把敵人毆倒。在用於毆打時，即便是鈍劍也非常有效。在這個意義上，雙手大劍是典型的用於擊倒對方的劍。其中雖然也有像蘇格蘭闊刃大劍那樣有鋒利刀口的劍，但打算擊倒對方的話，只要可以揮舞就足夠了。而且，兩手使用對於刺殺敵人也是最有效的。

　　提起持大劍的士兵在戰場上活躍的例子，首先要說的就是以衣品詭譎而聞名的德意志平民傭兵。最初劍是戴在身上作為裝飾，後來它被用來作為擊打對方的大槍，為同伴打開攻擊道路的道具。巨大的劍對於擊打會動的敵人來說顯得動作過大而相當不利，但對於砍斷大槍等槍類武器則是相當合適的武器。

　　對於那些嫌普通劍太輕，或者一心誇耀自己過人臂力以抬高身價的客人，小的斗膽向您推薦雙手大劍。（店主）

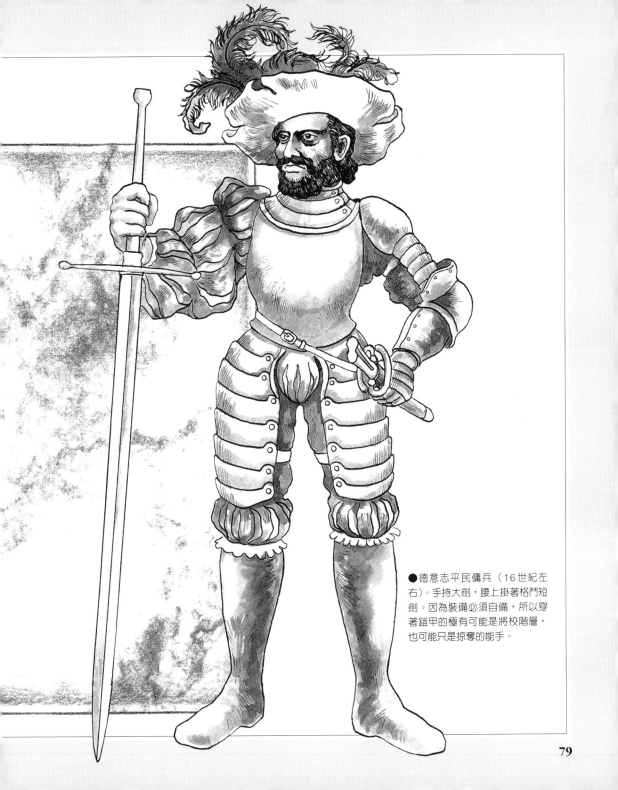

●德意志平民傭兵（16世紀左右）。手持大劍，腰上掛著格鬥短劍。因為裝備必須自備，所以穿著鎧甲的極有可能是將校階層，也可能只是掠奪的能手。

Power style

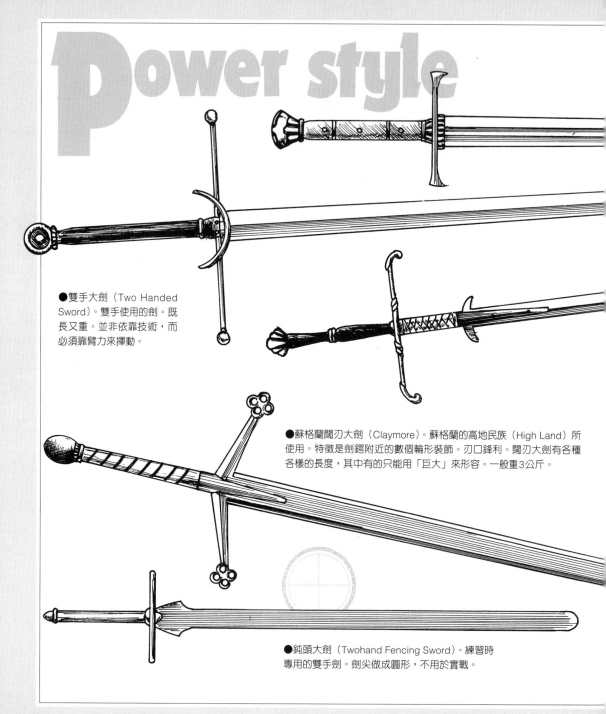

●雙手大劍（Two Handed Sword）。雙手使用的劍。既長又重。並非依靠技術，而必須靠臂力來揮動。

●蘇格蘭闊刃大劍（Claymore）。蘇格蘭的高地民族（High Land）所使用。特徵是劍鍔附近的數個輪形裝飾。刃口鋒利。闊刃大劍有各種各樣的長度，其中有的只能用「巨大」來形容。一般重3公斤。

●鈍頭大劍（Twohand Fencing Sword）。練習時專用的雙手劍。劍尖做成圓形，不用於實戰。

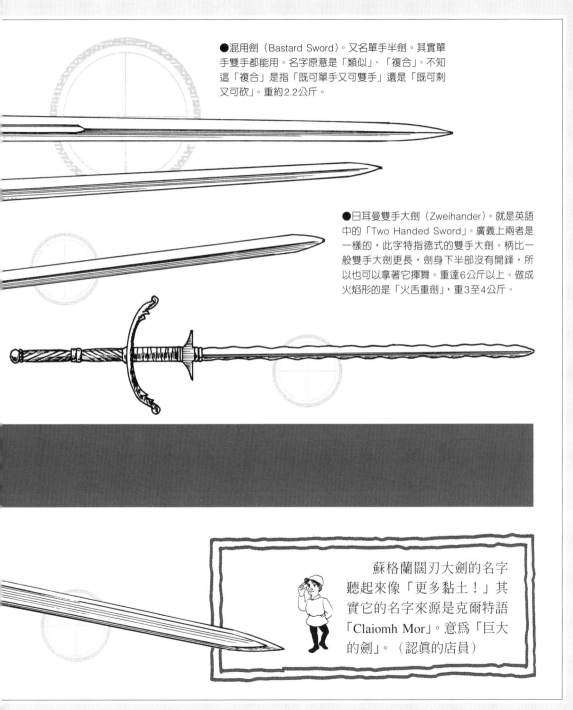

●混用劍（Bastard Sword）。又名單手半劍。其實單手雙手都能用。名字原意是「類似」、「複合」。不知這「複合」是指「既可單手又可雙手」還是「既可刺又可砍」。重約2.2公斤。

●日耳曼雙手大劍（Zweihander）。就是英語中的「Two Handed Sword」。廣義上兩者是一樣的，此字特指德式的雙手大劍。柄比一般雙手大劍更長，劍身下半部沒有開鋒，所以也可以拿著它揮舞。重達6公斤以上。做成火焰形的是「火舌重劍」，重3至4公斤。

蘇格蘭闊刃大劍的名字聽起來像「更多黏土！」其實它的名字來源是克爾特語「Claiomh Mor」。意為「巨大的劍」。（認真的店員）

Power style

巨劍（Great Sword）

　　巨劍，就是巨大的劍。刀劍中並沒有這獨立的一類，但有時會根據特別的訂單需求而做出難以置信的巨大刀劍。有的甚至超過2公尺，到底是幹什麼用的呢？

　　在日本有「斬馬刀」這樣的刀劍，用於砍殺戰馬。歐洲的馬匹要比日本的馬大出很多。而且馬上還騎著全身重裝、手持騎槍的騎士，所以要砍馬實在是太難了。看來訂做它們，還是用來砍斷大槍、戰戟之類長柄武器的柄的居多。（店員）

巨錘
MAUL

　　巨錘雖然不是劍，但還是可以向打算展現臂力的客人推薦。重達4公斤的巨鎚本來是用來破壞城門和防禦工事用的。畢竟「打爛」是比「打到」更好的使用方法。（認真的店員）

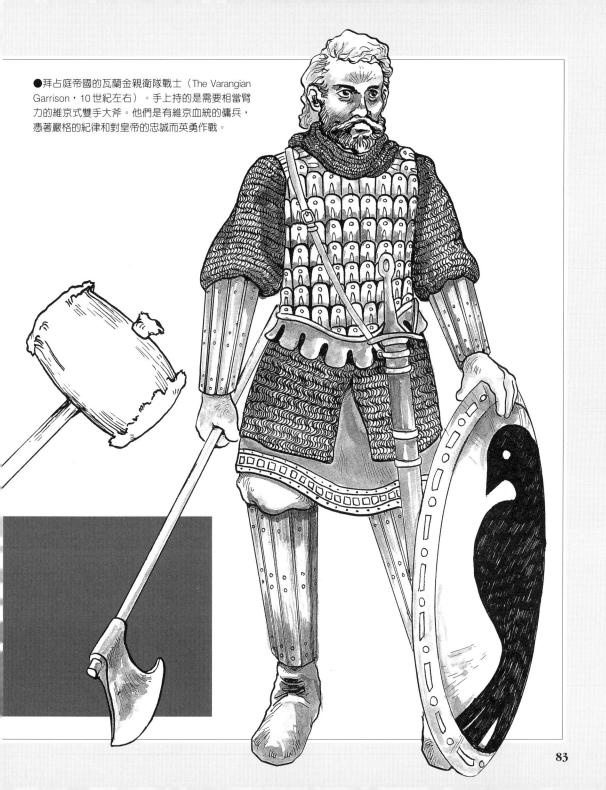

●拜占庭帝國的瓦蘭金親衛隊戰士（The Varangian Garrison，10世紀左右）。手上持的是需要相當臂力的維京式雙手大斧。他們是有維京血統的傭兵，憑著嚴格的紀律和對皇帝的忠誠而英勇作戰。

Female fighter

女性戰士

　　讓各位女性顧客久等了！這裡為您備下了最適合各位，又輕又細的劍，還有曲線優美的彎刀。

　　細身的劍一般都做得比較輕，因此攻擊力降低，但最適合重視速度的各位。連刺殺都有如蜂飛蝶舞般，真是太優雅了！但是，在與厚甲護身的對手作戰時，請格外小心。如果不敏捷地狙擊敵人的弱點，自己的劍就會被打彎掉了。

　　自然，在體格、臂力上並不特長的男性也能使用細身的劍。男性中肯定也有人強調輕快和優雅，那麼彎刀和您簡直是絕配。下面就請進吧！（店主）

●最有名的女戰士貞德。她身穿鎧甲，高昂著面孔鼓舞士氣。1429年曾經在奧爾良創造奇蹟般的勝利。1431年，遭英軍捕獲，以異端者罪名被處以火刑。

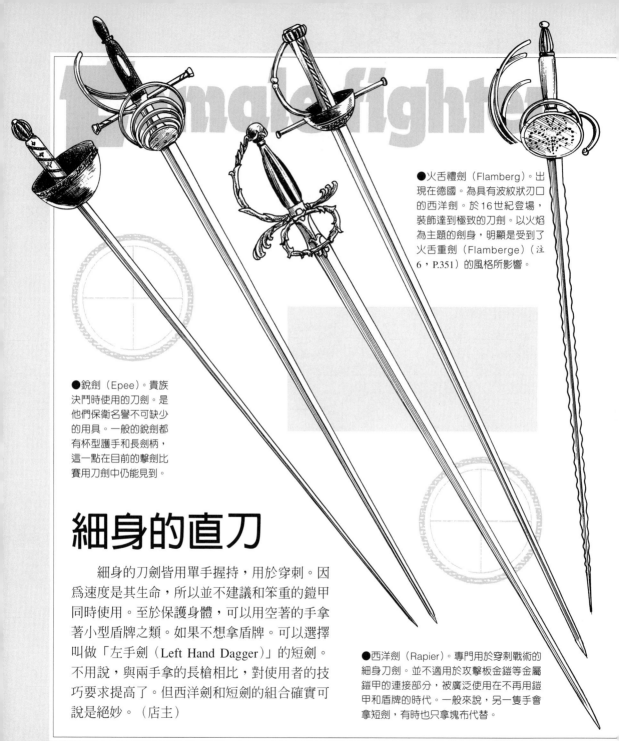

●火舌禮劍（Flamberg）。出
現在德國。為具有波紋狀刃口
的西洋劍。於16世紀登場，
裝飾達到極致的刀劍。以火焰
為主題的劍身，明顯是受到了
火舌重劍（Flamberge）（注
6，P.351）的風格所影響。

●銳劍（Epee）。貴族
決鬥時使用的刀劍。是
他們保衛名譽不可缺少
的用具。一般的銳劍都
有杯型護手和長劍柄，
這一點在目前的擊劍比
賽用刀劍中仍能見到。

細身的直刀

　　細身的刀劍皆用單手握持，用於穿刺。因
為速度是其生命，所以並不建議和笨重的鎧甲
同時使用。至於保護身體，可以用空著的手拿
著小型盾牌之類。如果不想拿盾牌。可以選擇
叫做「左手劍（Left Hand Dagger）」的短劍。
不用說，與兩手拿的長槍相比，對使用者的技
巧要求提高了。但西洋劍和短劍的組合確實可
說是絕妙。（店主）

●西洋劍（Rapier）。專門用於穿刺戰術的
細身刀劍。並不適用於攻擊板金鎧等金屬
鎧甲的連接部分，被廣泛使用在不再用鎧
甲和盾牌的時代。一般來說，另一隻手會
拿短劍，有時也只拿塊布代替。

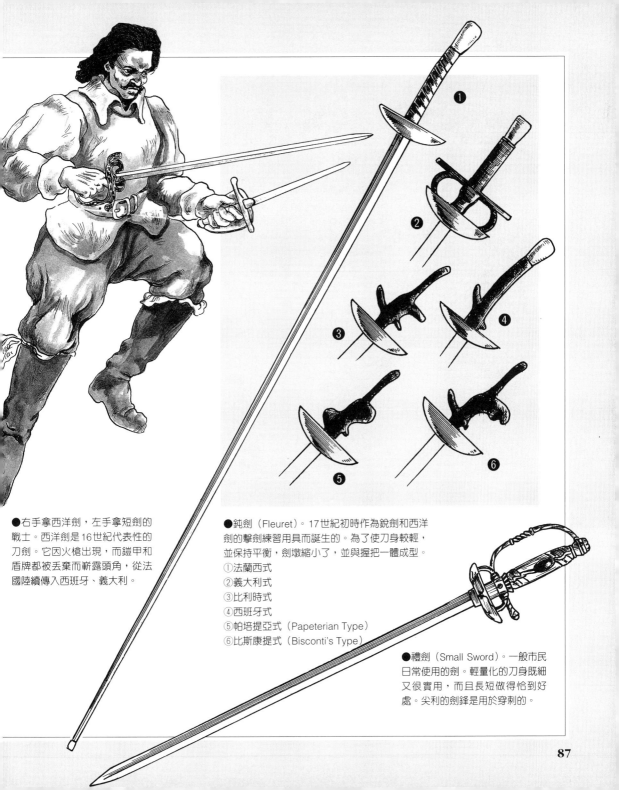

●右手拿西洋劍，左手拿短劍的戰士。西洋劍是16世紀代表性的刀劍。它因火槍出現，而鎧甲和盾牌都被丟棄而嶄露頭角，從法國陸續傳入西班牙、義大利。

●鈍劍（Fleuret）。17世紀初時作為銳劍和西洋劍的擊劍練習用具而誕生的。為了使刀身較輕，並保持平衡，劍墩縮小了，並與握把一體成型。
①法蘭西式
②義大利式
③比利時式
④西班牙式
⑤帕培提亞式（Papeterian Type）
⑥比斯康提式（Bisconti's Type）

●禮劍（Small Sword）。一般市民日常使用的劍。輕量化的刀身既細又很實用，而且長短做得恰到好處。尖利的劍鋒是用於穿刺的。

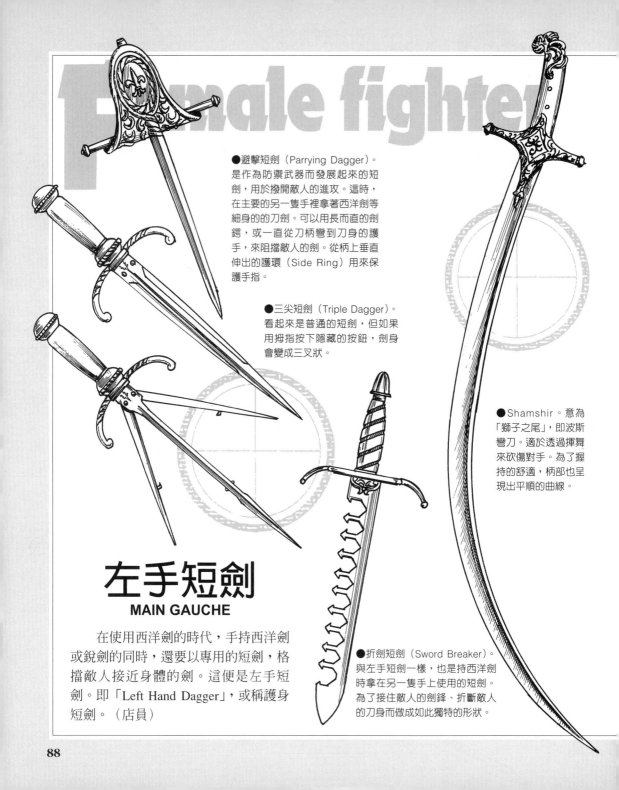

Female fighter

●避擊短劍（Parrying Dagger）。
是作為防禦武器而發展起來的短
劍，用於撥開敵人的進攻。這時，
在主要的另一隻手裡拿著西洋劍等
細身的的刀劍。可以用長而直的劍
鐔，或一直從刀柄彎到刀身的護
手，來阻擋敵人的劍。從柄上垂直
伸出的護環（Side Ring）用來保
護手指。

●三尖短劍（Triple Dagger）。
看起來是普通的短劍，但如果
用拇指按下隱藏的按鈕，劍身
會變成三叉狀。

●Shamshir。意為
「獅子之尾」，即波斯
彎刀。適於透過揮舞
來砍傷對手。為了握
持的舒適，柄部也呈
現出平順的曲線。

左手短劍
MAIN GAUCHE

在使用西洋劍的時代，手持西洋劍
或銳劍的同時，還要以專用的短劍，格
擋敵人接近身體的劍。這便是左手短
劍。即「Left Hand Dagger」，或稱護身
短劍。（店員）

●折劍短劍（Sword Breaker）。
與左手短劍一樣，也是持西洋劍
時拿在另一隻手上使用的短劍。
為了接住敵人的劍鋒、折斷敵人
的刀身而做成如此獨特的形狀。

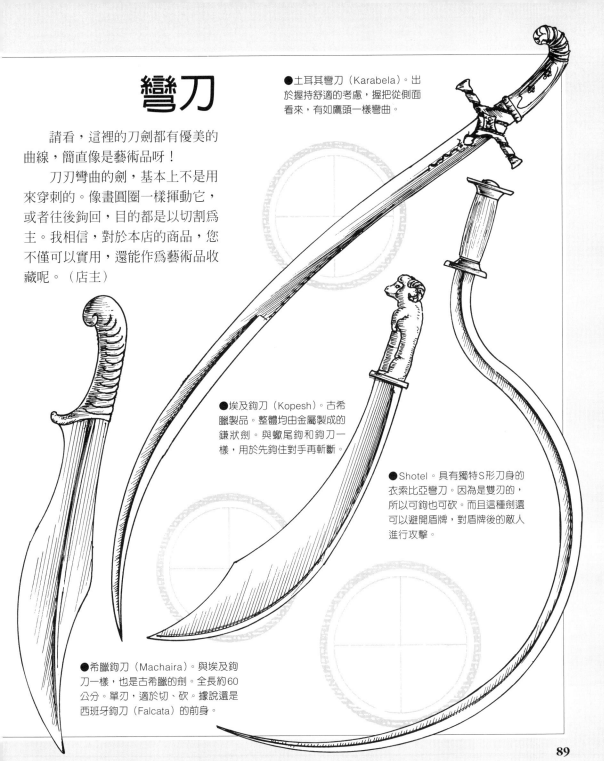

彎刀

請看，這裡的刀劍都有優美的曲線，簡直像是藝術品呀！

刀刃彎曲的劍，基本上不是用來穿刺的。像畫圓圈一樣揮動它，或者往後鉤回，目的都是以切割為主。我相信，對於本店的商品，您不僅可以實用，還能作為藝術品收藏呢。（店主）

●土耳其彎刀（Karabela）。出於握持舒適的考慮，握把從側面看來，有如鷹頭一樣彎曲。

●埃及鉤刀（Kopesh）。古希臘製品。整體均由金屬製成的鐮狀劍。與蠍尾鉤和鉤刀一樣，用於先鉤住對手再斬斷。

●Shotel。具有獨特S形刀身的衣索比亞彎刀。因為是雙刃的，所以可鉤也可砍。而且這種劍還可以避開盾牌，對盾牌後的敵人進行攻擊。

●希臘鉤刀（Machaira）。與埃及鉤刀一樣，也是古希臘的劍。全長約60公分。單刃，適於切、砍。據說還是西班牙鉤刀（Falcata）的前身。

Gladiator

角鬥士

　　下面這個角落要介紹的戰士，與前面的戰士稍有不同。他們是因身為下賤的奴隸，別無選擇地、被動地成為戰士的職業戰士，亦即角鬥士。

　　角鬥士，是在古羅馬時代，對所有在圓形競技場中進行決鬥比賽、表演的戰士們的總稱。他們不得不戰鬥，直到自己或敵人中有一方死掉。這種競技來源自古代伊特魯利亞（Etruria），當時，向神供奉的活體祭品要進行決鬥。後來宗教意義逐漸淡化，到了帝國時代的羅馬，就變成了由皇帝或當權者主辦的單純殺人表演。決鬥有人對人，也有獸對人等多種形式。連戰連勝的倖存者會成為英雄，並有可能從奴隸變成自由人。但這樣的可能性實在是非常之低。

　　您要是對自己有常勝不敗的自信，或者熱愛戰鬥而不惜生命，再或者自暴自棄，覺得即使死了也無所謂，倒是可以好好在這裡看看。（店主）

●與獅子戰鬥的角鬥士。專門和猛獸戰鬥的角鬥士成為鬥獸士。為了使動物更加兇猛,會在角鬥前讓牠們餓上好幾天。

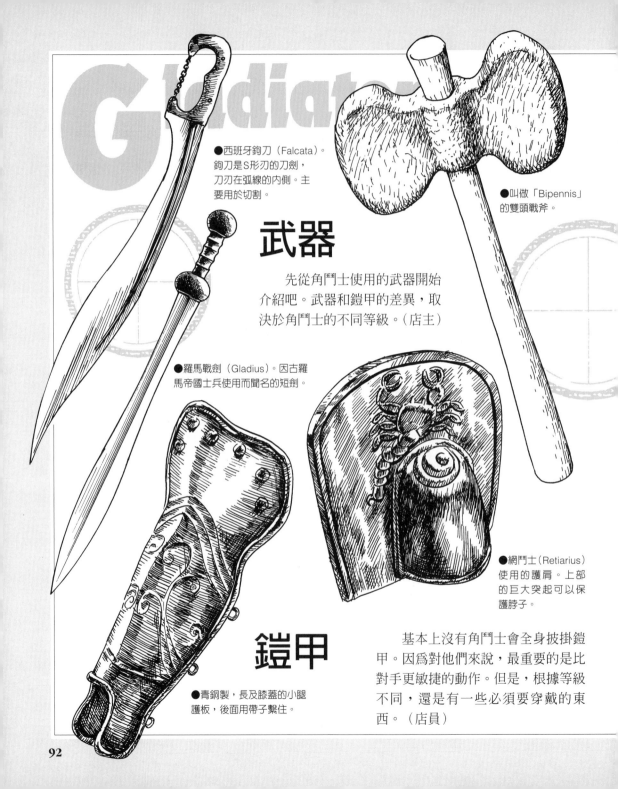

●西班牙鉤刀（Falcata）。鉤刀是S形刃的刀劍，刀刃在弧線的內側。主要用於切割。

●叫做「Bipennis」的雙頭戰斧。

武器

先從角鬥士使用的武器開始介紹吧。武器和鎧甲的差異，取決於角鬥士的不同等級。（店主）

●羅馬戰劍（Gladius）。因古羅馬帝國士兵使用而聞名的短劍。

●網鬥士（Retiarius）使用的護肩。上部的巨大突起可以保護脖子。

鎧甲

基本上沒有角鬥士會全身披掛鎧甲。因為對他們來說，最重要的是比對手更敏捷的動作。但是，根據等級不同，還是有一些必須要穿戴的東西。（店員）

●青銅製，長及膝蓋的小腿護板，後面用帶子繫住。

●使用三叉戟和網（Net）的角鬥士。三叉戟就是在長柄上裝了三根槍刃的長槍。網子是用來抓住對手的。這兩樣是網

角鬥士的稱號

角鬥士按照裝備和時代的區別，稱號各不相同。一般來說，裝備越完備，等級越高。

●

網鬥士（Retiarius）
手持三叉戟和網子，輕裝甲。

●

重甲鬥士（Mirmillone）
戴護面頭盔、穿著胸甲戰鬥。

●

輕甲鬥士（Secutor）
裝備介於網鬥士和重甲鬥士之間。

●

雙劍鬥士（Dimacheri）
兩手中都持有劍。

●

戰車鬥士（Essedarii）
乘戰車作戰。

●

全裝鬥士（Hoplomachi）
戰鬥時全副武裝。

●

赤身鬥士（Laquearii）
戰鬥時身上什麼都不穿。

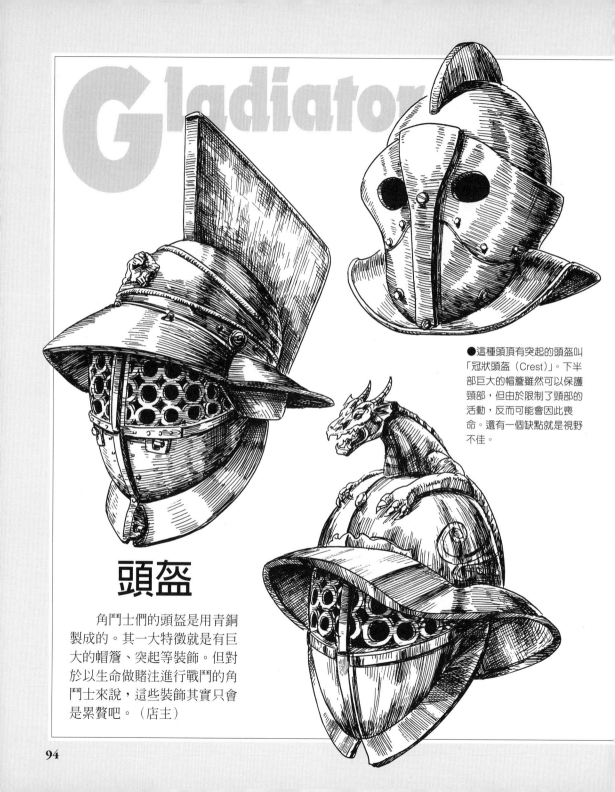

Gladiator

● 這種頭頂有突起的頭盔叫「冠狀頭盔（Crest）」。下半部巨大的帽簷雖然可以保護頭部，但由於限制了頸部的活動，反而可能會因此喪命。還有一個缺點就是視野不佳。

頭盔

角鬥士們的頭盔是用青銅製成的。其一大特徵就是有巨大的帽簷、突起等裝飾。但對於以生命做賭注進行戰鬥的角鬥士來說，這些裝飾其實只會是累贅吧。（店主）

角鬥士們戰鬥的場所，就是圓形競技場。圓形競技場雖然在古羅馬各地都有修建，但其中以羅馬城中的競技場為最大，可以容納多達五萬名觀眾。本店的競技場是以羅馬的原設計為原型自己建造的。當然可以借給各位。但條件是角鬥士和角鬥用的動物必須自備。順帶一提，到目前在這裡舉行過的戰鬥，還只有我們自己運動會上的賽馬呢。（店主）

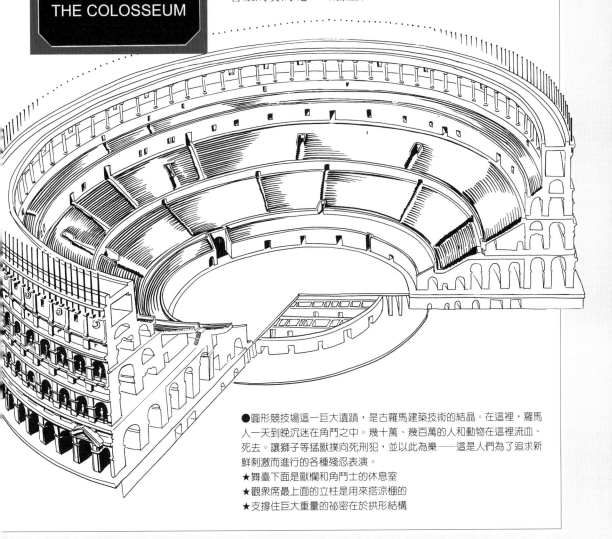

●圓形競技場這一巨大遺蹟，是古羅馬建築技術的結晶。在這裡，羅馬人一天到晚沉迷在角鬥之中。幾十萬、幾百萬的人和動物在這裡流血、死去。讓獅子等猛獸撲向死刑犯，並以此為樂——這是人們為了追求新鮮刺激而進行的各種殘忍表演。

★舞臺下面是獸欄和角鬥士的休息室
★觀眾席最上面的立柱是用來搭涼棚的
★支撐住巨大重量的祕密在於拱形結構

猛獸戰

　　舞臺佈置成自然環境，並讓人類與猛獸作戰。為此，獅子、豹、虎、象、河馬、鱷魚、北極熊等世界各地的動物被源源不斷地運達羅馬。在成為動物供給來源的地方，由於角鬥的需要，很多動物在亂捕亂殺下滅絕了。美索不達米亞的獅子、北非地區的河馬都是因此滅絕的。（店員）

模擬海戰

在這圓形競技場中，不僅上演著角鬥士們互相殘殺的表演，還曾在灌滿水後進行模擬海戰。第一個在羅馬舉辦的人是凱撒。據說當時參加的戰士多達幾千人。（店員）

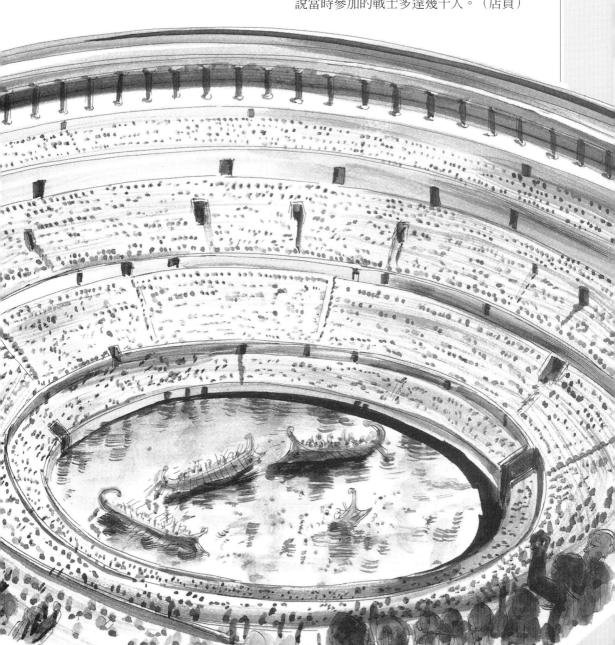

FLOOR
2

士兵
SOLDIER

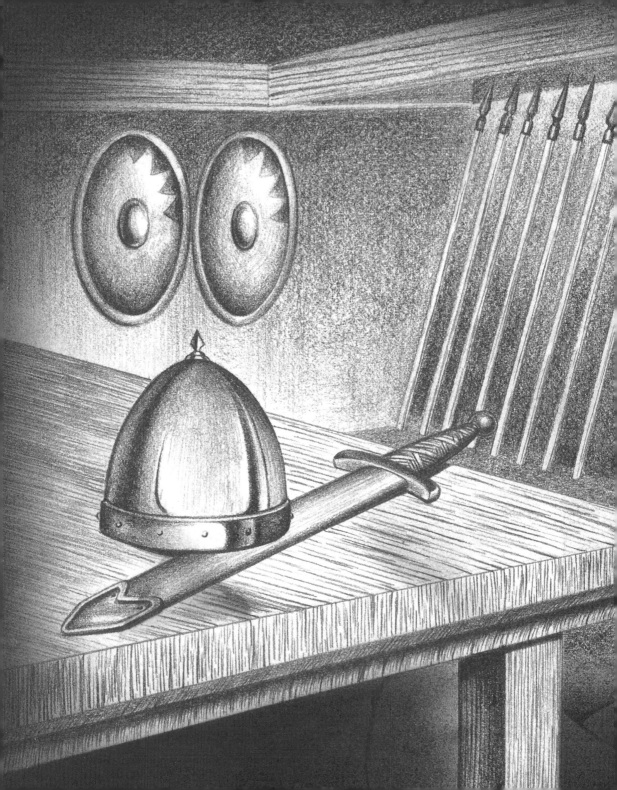

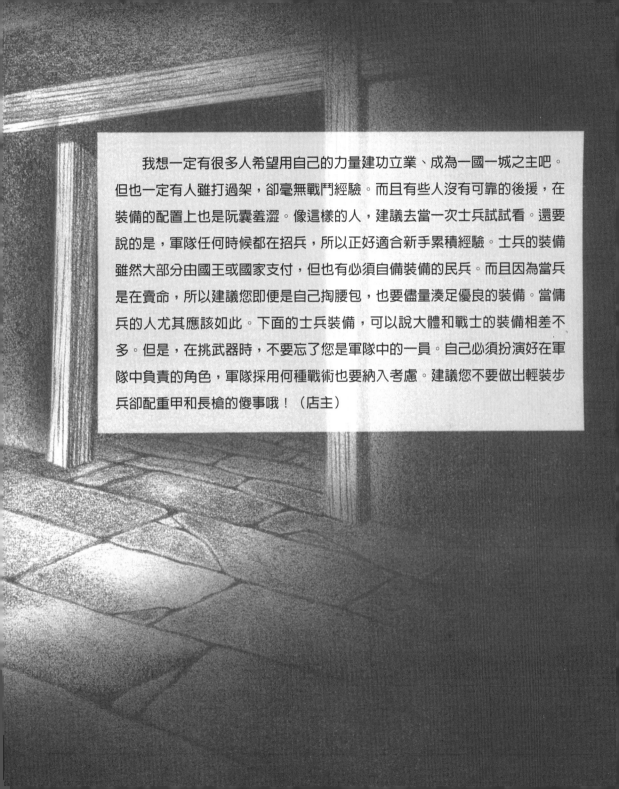

　　我想一定有很多人希望用自己的力量建功立業、成為一國一城之主吧。但也一定有人雖打過架，卻毫無戰鬥經驗。而且有些人沒有可靠的後援，在裝備的配置上也是阮囊羞澀。像這樣的人，建議去當一次士兵試試看。還要說的是，軍隊任何時候都在招兵，所以正好適合新手累積經驗。士兵的裝備雖然大部分由國王或國家支付，但也有必須自備裝備的民兵。而且因為當兵是在賣命，所以建議您即便是自己掏腰包，也要儘量湊足優良的裝備。當傭兵的人尤其應該如此。下面的士兵裝備，可以說大體和戰士的裝備相差不多。但是，在挑武器時，不要忘了您是軍隊中的一員。自己必須扮演好在軍隊中負責的角色，軍隊採用何種戰術也要納入考慮。建議您不要做出輕裝步兵卻配重甲和長槍的傻事哦！（店主）

Infantryman

步兵

　　步兵，就是徒步作戰的士兵。並不要求具備射箭、騎馬等優秀的個人技術。

　　步兵戰術的基礎是集體行動，所以要求較高的協調能力。這樣說來好像並不適合喜歡獨立工作的人，但並非絕對。每個人都嚮往從士兵一躍成爲英雄的傳奇故事，但好的開始是成功的關鍵。常言道，千里之行，始於足下呀。

　　通常，步兵攜帶兩種武器，一是劍，另一種往往是較長的棍狀武器。相同力量下的戰鬥中，武器較長的一方較爲有利，騎兵間的肉搏戰也是如此。

　　在購買前，建議您仔細考慮敵人的身份和部隊採用的戰術。（店主）

●據說最早的重裝步兵是蘇美人（西元前25世紀左右）。因為還是最初階段，所以身上只有山羊毛的圍裙、皮製的頭盔、與上了鉚釘的斗篷，確實顯得很寒酸。不過在當時，只要有了盾和矛，就已經是完整的裝備了。

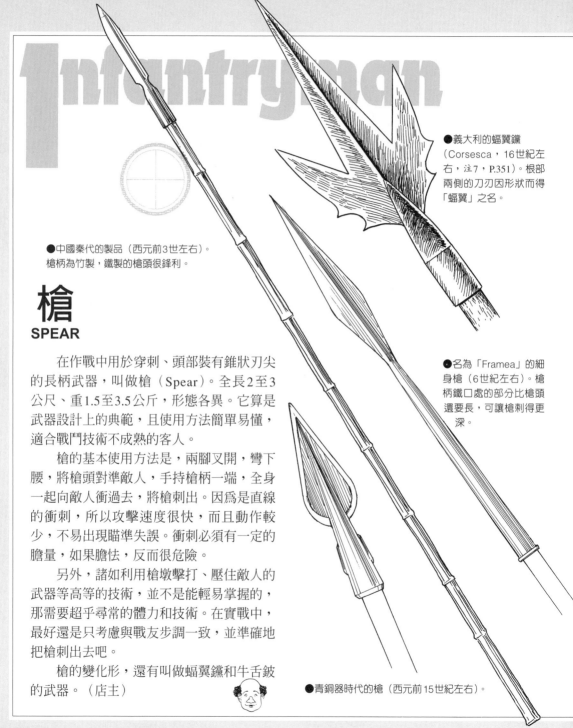

●義大利的蝠翼鏶（Corsesca，16世紀左右，注7，P.351）。根部兩側的刀刃因形狀而得「蝠翼」之名。

●中國秦代的製品（西元前3世左右）。槍柄為竹製，鐵製的槍頭很鋒利。

槍
SPEAR

在作戰中用於穿刺、頭部裝有錐狀刃尖的長柄武器，叫做槍（Spear）。全長2至3公尺、重1.5至3.5公斤，形態各異。它算是武器設計上的典範，且使用方法簡單易懂，適合戰鬥技術不成熟的客人。

槍的基本使用方法是，兩腳叉開，彎下腰，將槍頭對準敵人，手持槍柄一端，全身一起向敵人衝過去，將槍刺出。因為是直線的衝刺，所以攻擊速度很快，而且動作較少，不易出現瞄準失誤。衝刺必須有一定的膽量，如果膽怯，反而很危險。

另外，諸如利用槍墩擊打、壓住敵人的武器等高等的技術，並不是能輕易掌握的，那需要超乎尋常的體力和技術。在實戰中，最好還是只考慮與戰友步調一致，並準確地把槍刺出去吧。

槍的變化形，還有叫做蝠翼鏶和牛舌鈹的武器。（店主）

●名為「Framea」的細身槍（6世紀左右）。槍柄鐵口處的部分比槍頭還要長，可讓槍刺得更深。

●青銅器時代的槍（西元前15世紀左右）。

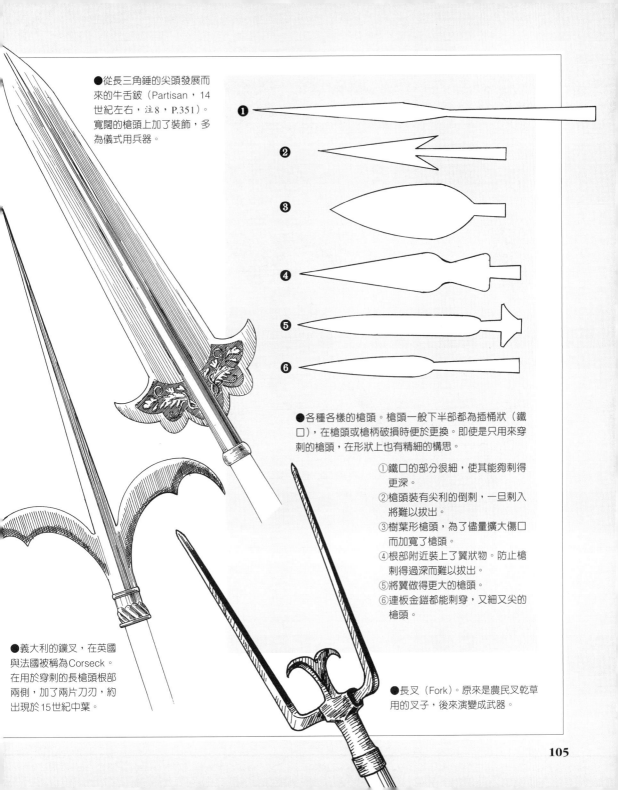

●從長三角錘的尖頭發展而來的牛舌鈹（Partisan，14世紀左右，注8，P.351）。寬闊的槍頭上加了裝飾，多為儀式用兵器。

❶
❷
❸
❹
❺
❻

●各種各樣的槍頭。槍頭一般下半部都為插桶狀（鐵口），在槍頭或槍柄破損時便於更換。即使是只用來穿刺的槍頭，在形狀上也有精細的構思。

①鐵口的部分很細，使其能夠刺得更深。
②槍頭裝有尖利的倒刺，一旦刺入將難以拔出。
③樹葉形槍頭，為了儘量擴大傷口而加寬了槍頭。
④根部附近裝上了翼狀物。防止槍刺得過深而難以拔出。
⑤將翼做得更大的槍頭。
⑥連板金鎧都能刺穿，又細又尖的槍頭。

●義大利的鐮叉，在英國與法國被稱為Corseck。在用於穿刺的長槍頭根部兩側，加了兩片刀刃，約出現於15世紀中葉。

●長叉（Fork）。原來是農民叉乾草用的叉子，後來演變成武器。

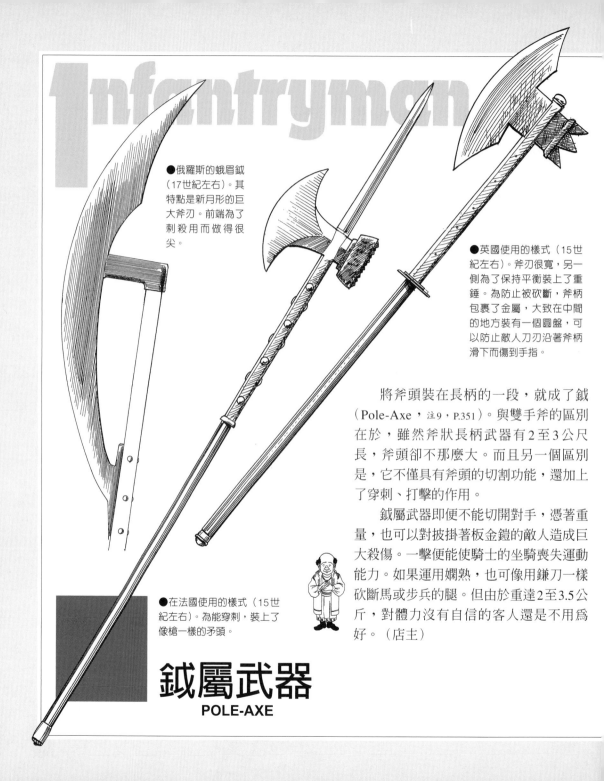

●俄羅斯的蛾眉鉞
（17世紀左右）。其
特點是新月形的巨
大斧刃。前端為了
刺殺用而做得很
尖。

●英國使用的樣式（15世
紀左右）。斧刃很寬，另一
側為了保持平衡裝上了重
錘。為防止被砍斷，斧柄
包裹了金屬，大致在中間
的地方裝有一個圓盤，可
以防止敵人刀刃沿著斧柄
滑下而傷到手指。

將斧頭裝在長柄的一段，就成了鉞
（Pole-Axe，注9，P.351）。與雙手斧的區別
在於，雖然斧狀長柄武器有2至3公尺
長，斧頭卻不那麼大。而且另一個區別
是，它不僅具有斧頭的切割功能，還加上
了穿刺、打擊的作用。

鉞屬武器即便不能切開對手，憑著重
量，也可以對披掛著板金鎧的敵人造成巨
大殺傷。一擊便能使騎士的坐騎喪失運動
能力。如果運用嫻熟，也可像用鎌刀一樣
砍斷馬或步兵的腿。但由於重達2至3.5公
斤，對體力沒有自信的客人還是不用為
好。（店主）

●在法國使用的樣式（15
紀左右）。為能穿刺，裝上了
像槍一樣的矛頭。

鉞屬武器
POLE-AXE

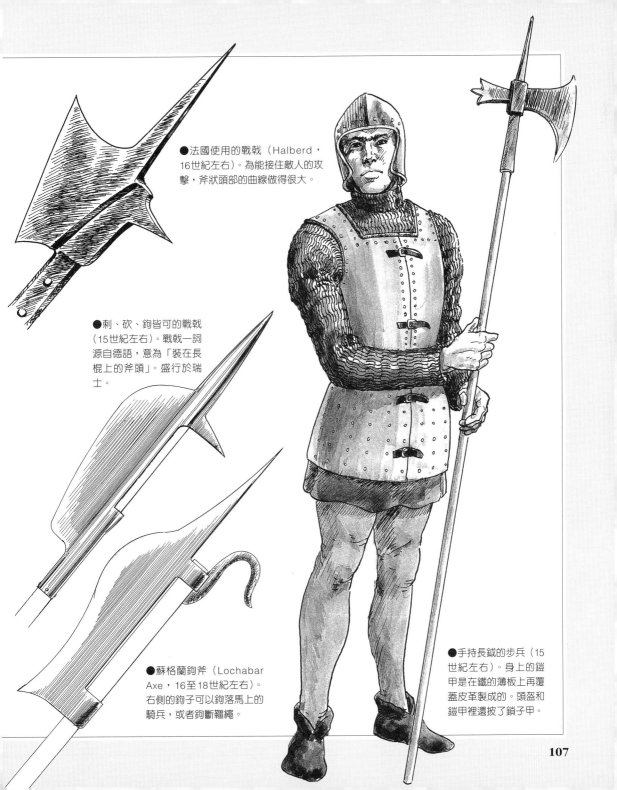

●法國使用的戰戟（Halberd，16世紀左右）。為能接住敵人的攻擊，斧狀頭部的曲線做得很大。

●刺、砍、鉤皆可的戰戟（15世紀左右）。戰戟一詞源自德語，意為「裝在長棍上的斧頭」。盛行於瑞士。

●蘇格蘭鉤斧（Lochabar Axe，16至18世紀左右）。右側的鉤子可以鉤落馬上的騎兵，或者鉤斷韁繩。

●手持長鉞的步兵（15世紀左右）。身上的鎧甲是在鐵的薄板上再覆蓋皮革製成的。頭盔和鎧甲裡還披了鎖子甲。

●百年戰爭中，英國士兵使
用的戈刀（Bill，14世紀左
右）。鉤子彎曲的方向與刃
口的方向相反，不會妨礙劈
砍作用的發揮。

●手持戰戟的英國步
兵（15世紀左右）。
身披鎖子甲，外面穿
著由數層厚布重疊，
裡面填入麻，並縫成
格狀的上衣。

●義大利式的戈刀──
蠍鉤戟（Roncone，16
世紀左右）。中間加了裝
飾，護衛兵所用。

108

鉤爪狀長柄武器
BILL

戈刀（Bill），一種鉤爪狀長柄武器，是將鎌刀裝在柄上、全長2至2.5公尺、重2.5至3公斤的武器。它的名字來源於農業用的鎌刀。戈刀重視鉤掛的功能。

最能發揮其效能的要數以騎兵為對手的時候。一旦騎兵和騎士被鉤落馬下，便成了不過是身披超重鎧甲、動彈不得的步兵，所以戈刀聲名大振。不僅可以勾掛，它還可以用前部的槍尖刺殺，或用刀刃的部分劈砍。（店主）

●最接近農用鎌刀的形狀簡單的戈刀。（15世紀左右）

●重視刺殺功能，前端又細又尖的戈刀（15世紀左右）。鎌刀的部分製成鉤爪狀，專門用於勾掛。

●擁有複雜功能的戈刀，這便是一例（16世紀左右）。彎曲的刀刃對面安裝的尖刺，可在揮動中刺傷敵人，或者接住敵人的鋒刃。而且中央的切口可以將劍夾住，然後甩出或折斷。

●英國的步兵（16世紀左右）。手持形狀最為複雜的戈刀，身穿板金鎧。

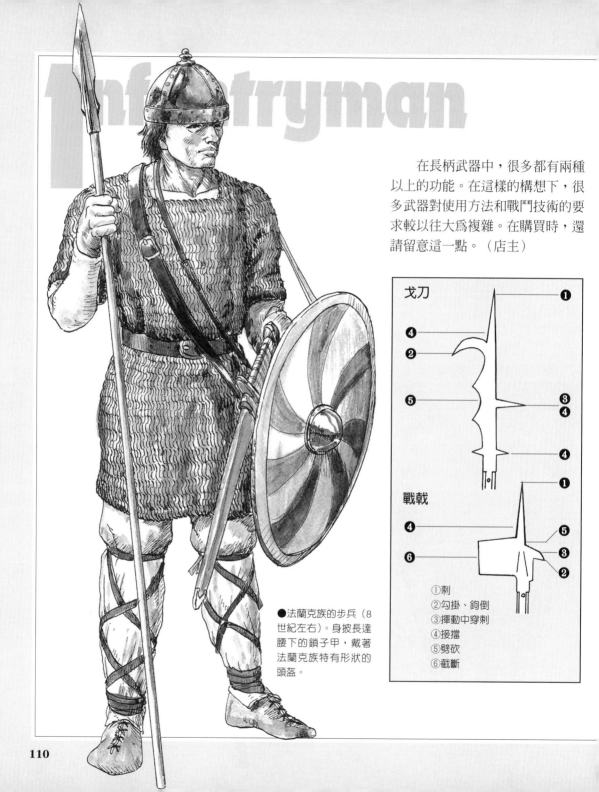

Infantryman

在長柄武器中，很多都有兩種
以上的功能。在這樣的構想下，很
多武器對使用方法和戰鬥技術的要
求較以往大為複雜。在購買時，還
請留意這一點。（店主）

戈刀

❶ 刺
❷ 勾掛、鉤倒
❸ 揮動中穿刺
❹ 接擋
❺ 劈砍
❻ 截斷

戰戟

●法蘭克族的步兵（8
世紀左右）。身披長達
腰下的鎖子甲，戴著
法蘭克族特有形狀的
頭盔。

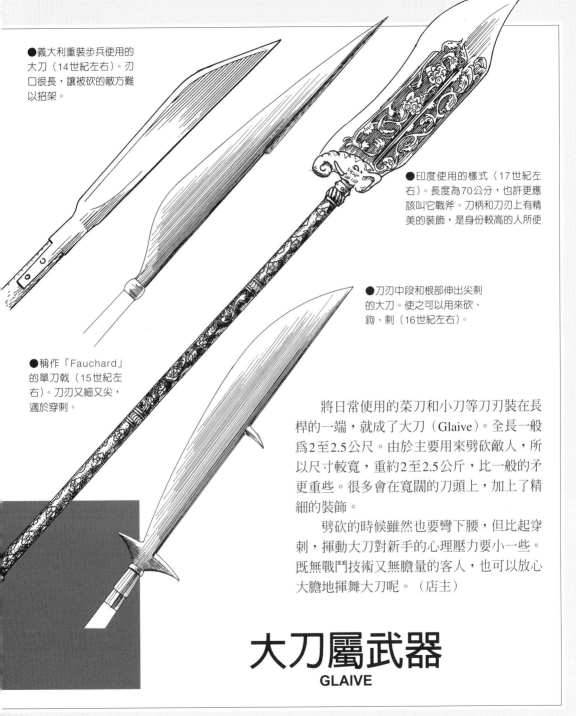

●義大利重裝步兵使用的大刀（14世紀左右）。刃口很長，讓被砍的敵方難以招架。

●印度使用的樣式（17世紀左右）。長度為70公分，也許更應該叫它戰斧。刀柄和刀刃上有精美的裝飾，是身份較高的人所使

●刀刃中段和根部伸出尖刺的大刀。使之可以用來砍、鉤、刺（16世紀左右）。

●稱作「Fauchard」的單刀戟（15世紀左右）。刀刃又細又尖，適於穿刺。

　　將日常使用的菜刀和小刀等刀刃裝在長桿的一端，就成了大刀（Glaive）。全長一般為2至2.5公尺。由於主要用來劈砍敵人，所以尺寸較寬，重約2至2.5公斤，比一般的矛更重些。很多會在寬闊的刀頭上，加上了精細的裝飾。

　　劈砍的時候雖然也要彎下腰，但比起穿刺，揮動大刀對新手的心理壓力要小一些。既無戰鬥技術又無膽量的客人，也可以放心大膽地揮舞大刀呢。（店主）

大刀屬武器
GLAIVE

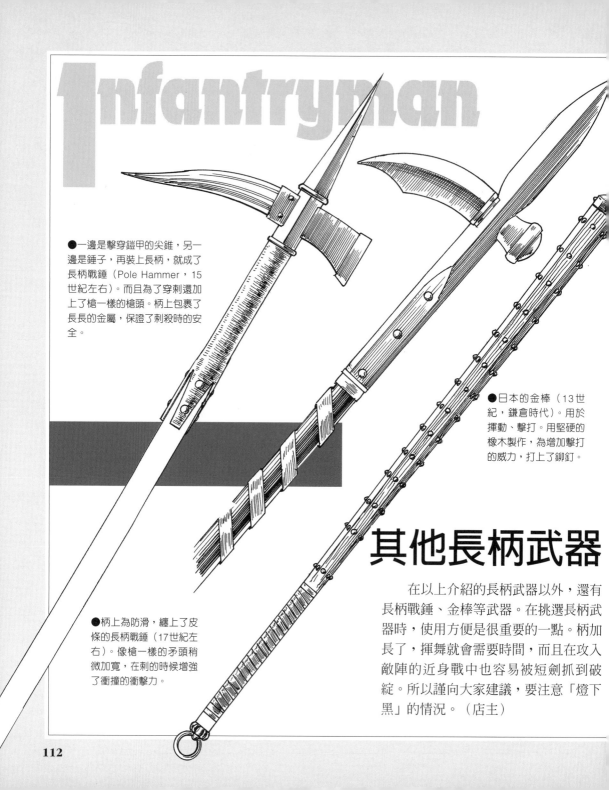

Infantryman

●一邊是擊穿鎧甲的尖錐，另一邊是錘子，再裝上長柄，就成了長柄戰錘（Pole Hammer，15世紀左右）。而且為了穿刺還加上了槍一樣的槍頭。柄上包裹了長長的金屬，保證了刺殺時的安全。

●日本的金棒（13世紀，鎌倉時代）。用於揮動、擊打。用堅硬的橡木製作，為增加擊打的威力，打上了鉚釘。

●柄上為防滑，纏上了皮條的長柄戰錘（17世紀左右）。像槍一樣的矛頭稍微加寬，在刺的時候增強了衝撞的衝擊力。

其他長柄武器

在以上介紹的長柄武器以外，還有長柄戰錘、金棒等武器。在挑選長柄武器時，使用方便是很重要的一點。柄加長了，揮舞就會需要時間，而且在攻入敵陣的近身戰中也容易被短劍抓到破綻。所以謹向大家建議，要注意「燈下黑」的情況。（店主）

很久以前，士兵的裝備並不是由軍隊免費提供，而必須自己準備。處在這種情況下的士兵，如果又貧困而缺乏資源，只能空著手上戰場，拾取戰死者的裝備。空手上戰場覺得不安的人，可以暫時用身邊的日常工具代替武器。鎖鏈、鐮刀、竹槍等都可以。百年戰爭時的市民在暴動或叛亂時，還曾經用鉛塊當武器呢。

為了那些不想拿著難為情的東西上戰場的客人，我們將介紹羅馬的裝備標準，讓您有所參考。在兵役還是市民自發義務的羅馬（直到共和政體中期），會按照財產規定發配應該裝備的武器和防具。在羅馬獨特的密集戰法發展完成以前，裝備標準還受到希臘很深的影響。順便說一下，當時重裝步兵的裝備據說價值30頭羊。（店主）

羅馬的裝備標準

 頭盔 劍

圓盾 槍

長盾 標槍

護腿 投石索

胸鎧

 馬

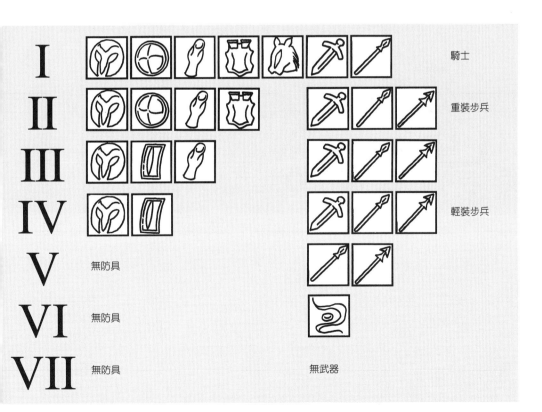

I 騎士

II 重裝步兵

III

IV 輕裝步兵

V 無防具

VI 無防具

VII 無防具　　　　　　無武器

Hoplite

重裝步兵　●古希臘的 Hoplite

　　古希臘的步兵，都是由未經日常訓練的市民組成的。在這樣基礎上產生的戰術，就是集合起來抵擋敵人的重裝步兵戰術。也就是用團結的集體力量，來彌補個人能力的不足。組成部隊的士兵叫做 Hoplite，不論裝備的輕重，都譯作重裝步兵。

　　對重裝步兵戰術來說，最重要的就是要編成肩膀相碰般緊密的隊列。手持超大號盾牌的士兵站成密集的隊形，可以使防衛堅不可摧。一邊伸出 2 至 3 公尺的長槍，隊列同時，一邊森嚴地前進，可以給敵人巨大的壓力。

　　但是，這種部隊的左右兩側基本上未加防備，對來自側面的攻擊不堪一擊。為防備這種情況，為使方向轉換和頻繁變換隊形必備的機動力是不可或缺的，在當時它卻完全沒有。因此，它便難逃被具有更富於機動性的部隊擊破的宿命。

　　儘管我們不想向各位推薦這裡的裝備，但畢竟還是有些人仍然是使用這種戰術的軍隊成員吧。這樣的客人，最希望您不要忘了購買叫做「Hoplon」的大型圓盾。（店主）

114

●斯巴達的重裝步兵（西元前5世紀左右）。在名副其實的「斯巴達式教育」下，支撐著這個最強的城邦國家（polis）。

115

H plite

●希臘鉤刀（Machaira）。
屬曲狀單刃劍（西元前4世
紀左右）。長約60公分，刀
刃很薄。

●鐵製的雙刃劍（西元前6世
紀至西元前5世紀左右）。長
度大約70至80公分。

劍

●希臘大圓盾（Hoplon）。在盾下裝
有像下擺一樣下垂的皮革。這塊皮革
可以保護小腿，還使敵人不知何時攻
擊才好。據說還能纏住敵人的武器。

●希臘的重裝步兵戰術是，讓手
持盾牌和長矛的士兵排成橫行，
然後再由數行前後排列成一個部
隊。一支支部隊橫向排開，與敵
人的戰列寬度保持一致。每支部
隊只針對自己面前的敵人，部隊
之間缺乏相互支援，也沒有其他
人來填補戰線上被擊潰造成的缺
口。因此只要有一支部隊被打
敗，就會全線崩潰。

希臘重裝步兵戰術

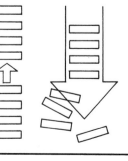

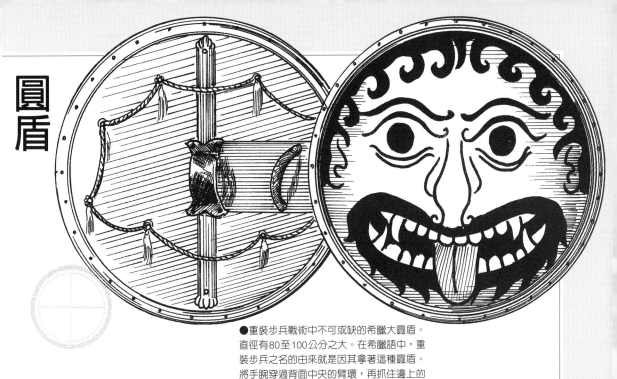

圓盾

●重裝步兵戰術中不可或缺的希臘大圓盾。直徑有80至100公分之大。在希臘語中，重裝步兵之名的由來就是因其拿著這種圓盾。將手腕穿過背面中央的臂環，再抓住邊上的握把，就可以牢牢地固定住盾牌。

●希臘大圓盾為木製，表面蒙上厚青銅板或牛皮，並加以裝飾，描繪了生活中或神話上的動物等各種圖案。括號中的是城邦名。
①獅子（阿哥斯／Argos）
②半人魚海神（波伊奧齊亞）
③字母開頭A（雅典）
④斯巴達的古稱「拉克達蒙」的字母開頭∧（斯巴達）
⑤宙斯的化身——鷲（阿爾卡笛亞／Arcadia）

①

②

③

④

⑤

Hoplite

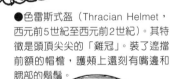

頭盔

●青銅製的科林斯式頭盔（Corinthian Helmet，西元前8世紀至西元前7世紀左右）。頭被嚴密地保護起來，造型美觀。但是，目孔太小，難以看清情況，而且頭被包得太密，聽不清命令。因此到西元前5世紀左右便不再使用了。

●色雷斯式盔（Thracian Helmet，西元前5世紀至西元前2世紀）。其特徵是頭頂尖尖的「雞冠」。裝了遮擋前額的帽檐，護頰上還刻有嘴邊和腮部的鬍鬚。

●青銅鍛造的高士德西式盔（Chalcidice Helmet，西元前5世紀至西元前1世紀左右）。在科林斯式頭盔的基礎上，加了用來伸出耳朵的開口。

●圓錐形的斐羅斯氈帽盔（Pylos Helmet，西元前5世紀左右）。是直接做成氈帽形的金屬盔。

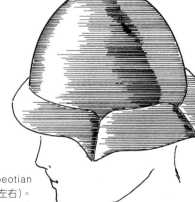

●比奧西亞式帽盔（Boeotian Helment，西元前4世紀左右）。與斐羅斯氈帽盔一樣，也是將金屬盔做成了毛皮帽子的形狀。

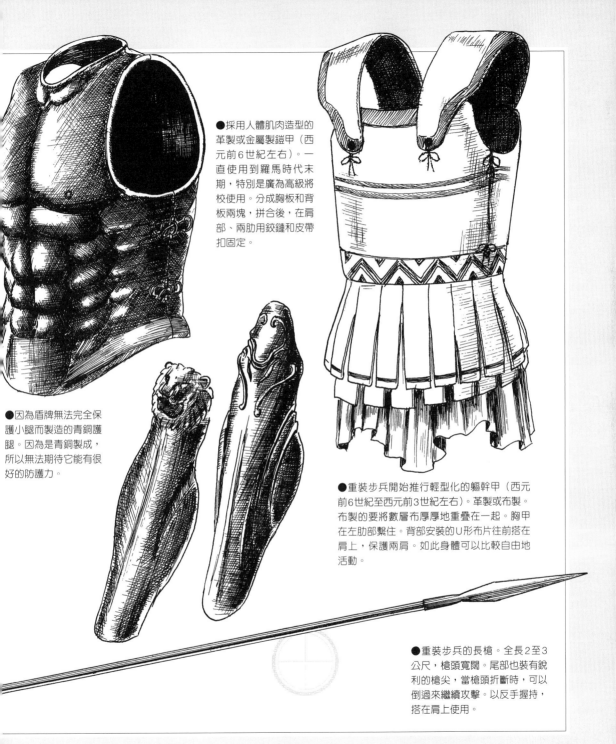

●採用人體肌肉造型的革製或金屬製鎧甲（西元前6世紀左右）。一直使用到羅馬時代末期，特別是廣為高級將校使用。分成胸板和背板兩塊，拼合後，在肩部、兩肋用鉸鏈和皮帶扣固定。

●因為盾牌無法完全保護小腿而製造的青銅護腿。因為是青銅製成，所以無法期待它能有很好的防護力。

●重裝步兵開始推行輕型化的軀幹甲（西元前6世紀至西元前3世紀左右）。革製或布製。布製的要將數層布厚厚地重疊在一起。胸甲在左肋部繫住。背部安裝的U形布片往前搭在肩上，保護兩肩。如此身體可以比較自由地活動。

●重裝步兵的長槍。全長2至3公尺，槍頭寬闊。尾部也裝有銳利的槍尖，當槍頭折斷時，可以倒過來繼續攻擊。以反手握持，搭在肩上使用。

Milites

羅馬的步兵

下面是集合了從共和時期到帝國時代所有羅馬步兵裝備的角落。

羅馬軍隊也曾經和希臘軍隊一樣，拿著沉重的圓盾和長槍，採用密集隊形的戰術作戰。但到了西元前4世紀，他們創造了富於機動性的獨特戰術。這就是羅馬步兵支隊戰術（Maniples Tactics）。它以120至160人的支隊為單位，可以適應部隊的需要迅速地進行必要的補充和輪替。在希臘式的作戰中，一個部隊戰敗則全線崩潰，這種戰術卻仍擁有重建戰線的機動力。

為了加強機動性，不僅是部隊編成，連作戰方式也發生了改變。重盾和長槍由於在混戰中成為累贅而放棄不用，代之出現標槍和稱為「羅馬戰劍（Gladius）」的劍。

在這個角落，我們將向大家展示使用標槍作戰的士兵代表——羅馬士兵的全部裝備。另外還準備了這種鎧甲，請大家仔細挑選。（店主）

●正要投出羅馬式重標槍
（Pilum）的軍團士兵（2
世紀左右）。共和政體時
代的士兵曾攜帶著兩種重
量不同的標槍。到了2世
紀時便只攜帶一種。

Milites

●採用套筒結構，又輕又細的「皮拉（Pila）」即輕標槍。

●叫做「Pilum」的重型標槍。前部裝有用鉚釘固定在圓錐等形狀槍柄上的槍尖。全長2公尺左右，槍頭很長，佔槍全長的近一半。重量在1.5至2公斤之間。飛行距離約30公尺。最初的重標槍不易損壞，然而這點對標槍來說是不太受歡迎的，因為投過去的槍下次就會朝自己飛過來。因此，開始有了投出後要不會回來的構想。

●重型標槍具有穿透盾牌的威力。而且到了帝國時代，開始有了為加強貫穿力而增加重量的類型。一般用鉛製物增加重量，近衛兵用的是青銅製的。

●共和政體末期至帝國初期使用的「羅馬式配劍（Pugio）」。全長約50公分，起源於西班牙。劍鞘為鐵製或青銅製，常用金或銀做成眼形裝飾。裝有穿皮帶的圓環，於佩戴時掛於左腰。

步兵支隊戰術

●步兵支隊戰術的出現，使戰鬥合理化。
· 防止揮舞武器時遇到阻礙的間隔。
· 為能迅速移動，部隊間保持容納一支部隊的距離。
· 可以換下傷亡慘重的部隊。
· 可以用轉進以應對敵人的移動。

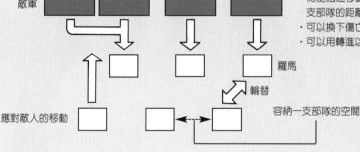

敵軍

羅馬

輪替

應對敵人的移動　　　　　　　　　容納一支部隊的空間

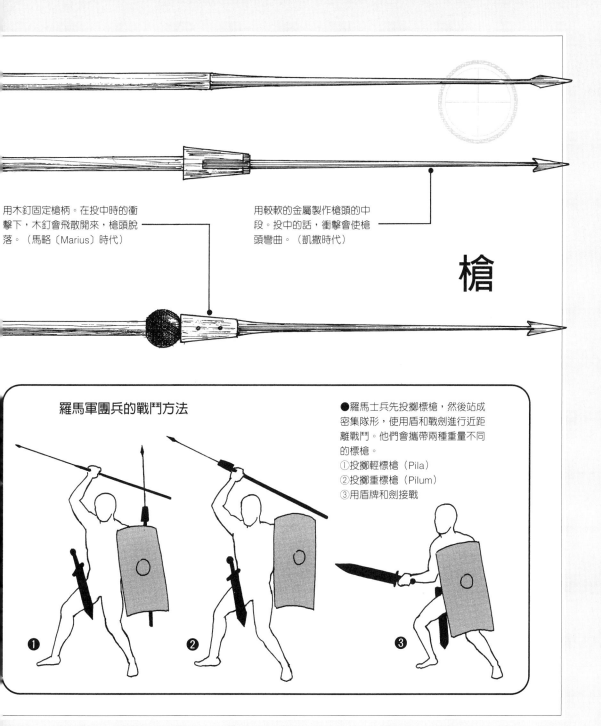

用木釘固定槍柄。在投中時的衝擊下，木釘會飛散開來，槍頭脫落。（馬略〔Marius〕時代）

用較軟的金屬製作槍頭的中段。投中的話，衝擊會使槍頭彎曲。（凱撒時代）

槍

羅馬軍團兵的戰鬥方法

●羅馬士兵先投擲標槍，然後站成密集隊形，使用盾和戰劍進行近距離戰鬥。他們會攜帶兩種重量不同的標槍。
①投擲輕標槍（Pila）
②投擲重標槍（Pilum）
③用盾牌和劍接戰

❶

❷

❸

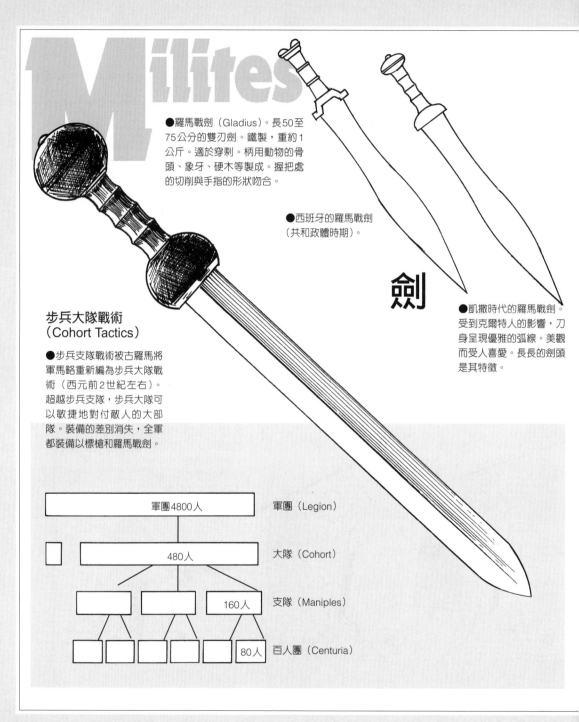

Milites

●羅馬戰劍（Gladius）。長50至75公分的雙刃劍。鐵製，重約1公斤。適於穿刺。柄用動物的骨頭、象牙、硬木等製成。握把處的切削與手指的形狀吻合。

●西班牙的羅馬戰劍（共和政體時期）。

劍

●凱撒時代的羅馬戰劍。受到克爾特人的影響，刀身呈現優雅的弧線。美觀而受人喜愛。長長的劍頭是其特徵。

步兵大隊戰術（Cohort Tactics）

●步兵支隊戰術被古羅馬將軍馬略重新編為步兵大隊戰術（西元前2世紀左右）。超越步兵支隊，步兵大隊可以敏捷地對付敵人的大部隊。裝備的差別消失，全軍都裝備以標槍和羅馬戰劍。

軍團4800人			軍團（Legion）
480人			大隊（Cohort）
	160人		支隊（Maniples）
		80人	百人團（Centuria）

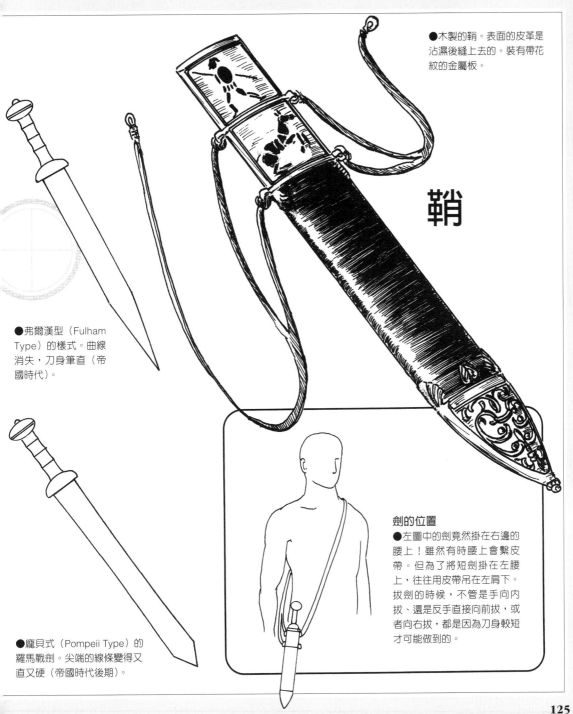

●木製的鞘。表面的皮革是沾濕後縫上去的。裝有帶花紋的金屬板。

鞘

●弗爾漢型（Fulham Type）的樣式。曲線消失，刀身筆直（帝國時代）。

●龐貝式（Pompeii Type）的羅馬戰劍。尖端的線條變得又直又硬（帝國時代後期）。

劍的位置

●左圖中的劍竟然掛在右邊的腰上！雖然有時腰上會繫皮帶。但為了將短劍掛在左腰上，往往用皮帶吊在左肩下。拔劍的時候，不管是手向內拔、還是反手直接向前拔，或者向右拔，都是因為刀身較短才可能做到的。

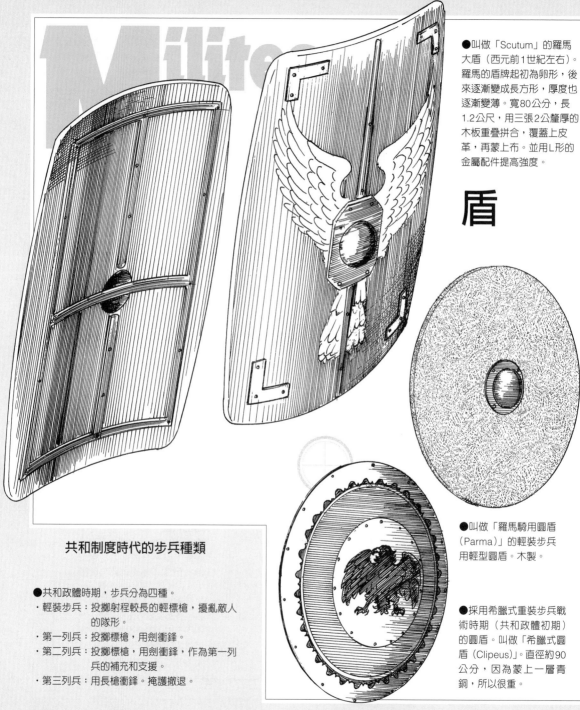

●叫做「Scutum」的羅馬大盾（西元前1世紀左右）。羅馬的盾牌起初為卵形，後來逐漸變成長方形，厚度也逐漸變薄。寬80公分，長1.2公尺，用三張2公釐厚的木板重疊拼合，覆蓋上皮革，再蒙上布。並用L形的金屬配件提高強度。

盾

●叫做「羅馬騎用圓盾（Parma）」的輕裝步兵用輕型圓盾。木製。

●採用希臘式重裝步兵戰術時期（共和政體初期）的圓盾。叫做「希臘式圓盾（Clipeus）」。直徑約90公分，因為蒙上一層青銅，所以很重。

共和制度時代的步兵種類

●共和政體時期，步兵分為四種。
・輕裝步兵：投擲射程較長的輕標槍，擾亂敵人的隊形。
・第一列兵：投擲標槍，用劍衝鋒。
・第二列兵：投擲標槍，用劍衝鋒，作為第一列兵的補充和支援。
・第三列兵：用長槍衝鋒。掩護撤退。

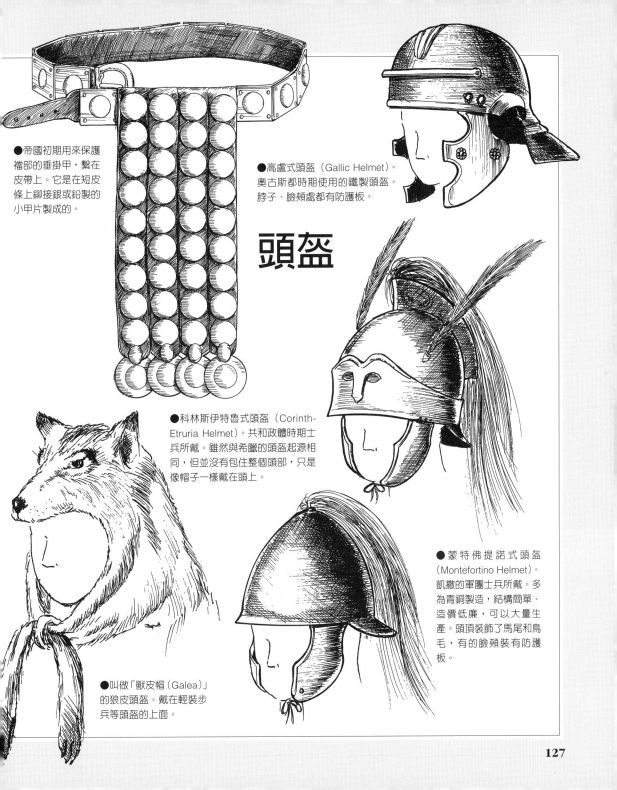

●帝國初期用來保護
襠部的垂掛甲，繫在
皮帶上。它是在短皮
條上鉚接銀或鉛製的
小甲片製成的。

●高盧式頭盔（Gallic Helmet）。
奧古斯都時期使用的鐵製頭盔。
脖子、臉頰處都有防護板。

頭盔

●科林斯伊特魯式頭盔（Corinth-
Etruria Helmet）。共和政體時期士
兵所戴。雖然與希臘的頭盔起源相
同，但並沒有包住整個頭部，只是
像帽子一樣戴在頭上。

● 蒙特佛提諾式頭盔
（Montefortino Helmet）。
凱撒的軍團士兵所戴。多
為青銅製造，結構簡單、
造價低廉，可以大量生
產。頭頂裝飾了馬尾和鳥
毛，有的臉頰裝有防護
板。

●叫做「獸皮帽（Galea）」
的狼皮頭盔。戴在輕裝步
兵等頭盔的上面。

●只用粗皮條掛上正方
形或圓形金屬板做成的
鎧甲（西元前2世紀左
右）。使用者多為沒有
財產的輕裝步兵。

●一般的軍團兵穿著的鎖子
甲（西元前1世紀左右）。
在皮革底料上縫上串接起來
的鐵環而成。重約9公斤。
上臂部分用皮革防護。

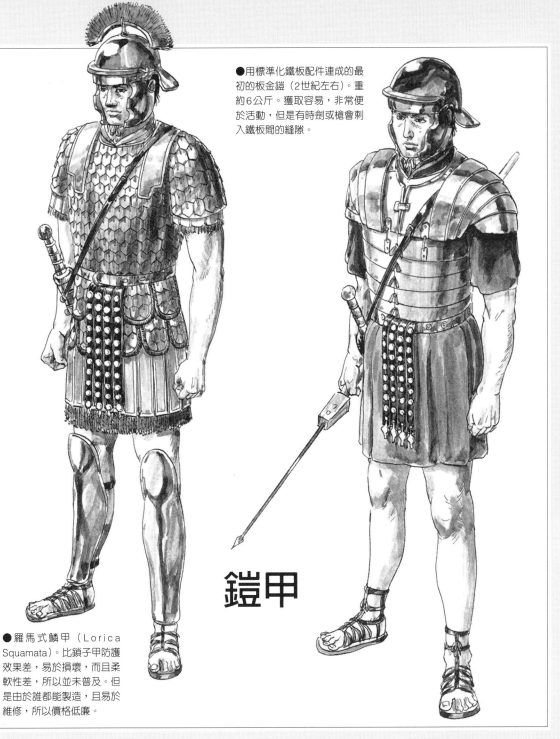

●用標準化鐵板配件連成的最初的板金鎧（2世紀左右）。重約6公斤。獲取容易，非常便於活動，但是有時劍或槍會刺入鐵板間的縫隙。

鎧甲

●羅馬式鱗甲（Lorica Squamata）。比鎖子甲防護效果差，易於損壞，而且柔軟性差，所以並未普及。但是由於誰都能製造，且易於維修，所以價格低廉。

Long-spearman

大槍步兵

　　3公尺以上的槍叫做大槍。拿這種槍的士兵，必須以身為部隊的一部分的想法來行動。在這裡，有不同時代、不同國家的代表性大槍兵裝備，使用方法也請客人們一起慢慢看吧。（店主）

●手持長槍的馬其頓方陣兵（Pezetairoi）。
馬其頓長槍的槍頭為鐵製，很銳利，用於刺
穿鎧甲。一般裝備是便於活動的布製鎧甲、
頭盔和盾。頭盔一般是裝有護頰的色雷斯式
頭盔。青銅製的圓盾直徑60至70公分。因
為長槍是兩手握持的，所以盾的邊緣被去
掉，以減輕重量，並以皮帶掛在左肩。

Long-spearman

●方陣士兵所拿
圓盾的內側。

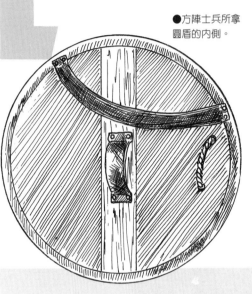

在使用長柄槍的戰術中，馬其頓的方陣戰術值得一提（西元前3世紀左右）。它可說是希臘重裝步兵戰術的完成之作。最主要的特色裝備是5.5至6.5公尺長的，叫做「方陣大槍（Sarissa）」的長槍。他們就是舉著這種長槍，拿著大號圓盾，在一絲不亂的行進中摧毀敵軍。

雖有和希臘重裝步兵戰術相同的缺點，但馬其頓的亞歷山大大帝之父菲利普國王，憑藉著騎兵和弓兵的掩護，成功統一了希臘。（店主）

馬其頓方陣

克羅尼亞之役（The Battle of Chaeronea）

　　馬其頓軍隊憑著手持長槍的方陣統一了希臘。但是馬其頓軍隊同時使用了由騎兵、較輕裝備的步兵組成的機動力較強部隊（馬其頓輕步兵〔Hypaspists〕）。很大程度上，其軍事實力是靠這一戰術加強的。

　　在這裡，我們以克羅尼亞之役為例，說明全軍的調度與步兵的作用。這一戰，馬其頓的菲利普王及其子亞歷山大，一起擊敗了以雅典和底比斯（Thebes）為主力的希臘同盟軍，取得了希臘的政權。（店員）

1 如果從馬其頓軍的方向看同盟軍，左翼是濕地，右翼是山丘，在中間平地上毫無間隔地配置了重裝步兵。

2 馬其頓軍左翼是亞歷山大的騎兵部隊和輕裝騎兵部隊，中間是擺成斜線陣的方陣，右翼是菲利普率領的是馬其頓輕步兵。

3 首先，菲利普開始與雅典軍戰鬥。菲利普撤退，雅典軍追擊，因此希臘軍的戰列中出現了空隙。

4 亞歷山大率領騎兵部隊從敵人戰列出現的空隙處大幅度穿插迂迴，但不進入濕地，而去攻擊底比斯軍的左翼。與輕裝騎兵部隊一起開始包圍攻擊，同時在中央，主力方陣開始進行攻擊。菲利普也開始反擊，於是勝利已操之在握了。

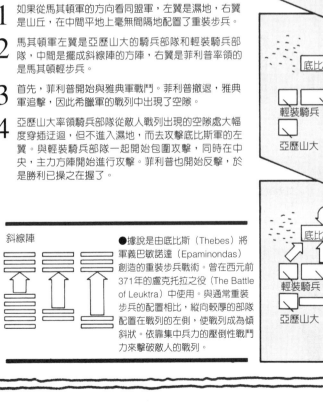

斜線陣

●據說是由底比斯（Thebes）將軍義巴敏諾達（Epaminondas）創造的重裝步兵戰術。曾在西元前371年的盧克托拉之役（The Battle of Leuktra）中使用。與通常重裝步兵的配置相比，縱向較厚的部隊配置在戰列的左側，使戰列成為傾斜狀。依靠集中兵力的壓倒性戰鬥力來擊破敵人的戰列。

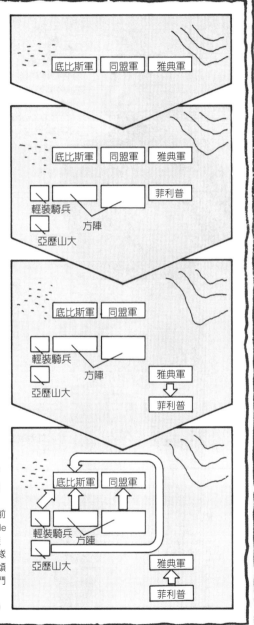

Long-spearman

●瑞士的大槍兵（15世紀左右）。
頭戴鍋形帽盔（Kettle Hat），身穿
鎖子甲，上配胸甲。大槍重約3.5
至5公斤，柄是用乾燥過的山毛櫸
木製成的。在瑞士有設有專人負
責，使柄的品質得到保證。

大槍兵

●英國大槍兵（17世紀
左右）。身穿胸甲和掛在
腰下的裙甲。頭戴蚌殼形
盔（Morion）。

134

因爲缺乏機動力，馬其頓大槍那樣用於對付步兵的大槍，逐漸在歷史中消失了。但因爲它是對付騎兵的利器，大槍在15世紀的瑞士再展雄風。

那是一種使用長5至7公尺大槍的大槍戰術。並不是拿著長槍就夠了。重要的是必須集中起來，站立著面對具有可怕衝擊力的騎兵。大槍兵爲了能自如地使用大槍，必須身材高大魁梧，而且還必須挑選具有面對任何敵人都毫不畏懼的勇者。另外還要經過嚴格的訓練，並有嚴格的紀律。

直到17世紀末，大槍都是步兵的主要武器。但是，當被由裝在火槍前端的短劍演變而來的刺刀（Bayonet）所代替後，它變成了火槍兵的支援武器，用於撤退時、變換隊形時，或者裝子彈時的掩護。（店主）

●大槍（Pike）的槍頭有25公分左右，爲樹葉形或蛙口形。大槍的強敵是戰戟。一旦被砍去槍尖，就只剩一根棍子了。①19世紀愛爾蘭製造的大槍。

②**17世紀英國使用的大槍。**

❶ ❷

●大槍兵的防禦隊形。大槍兵團隊具有良好的防禦力。
・第一列，將長槍放低，置於膝蓋上。
・第二列，將槍墩放在右腳上，伸出長槍。
・第三列，將長槍拿高至腰際。
・第四列，舉高至頭邊。

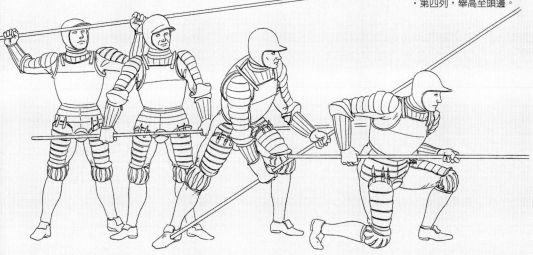

Long-spearman

●槍尖和柄之間，用竹子或細繩繫緊，並用漆黏合固定。

●大槍的長度為3至6公尺，槍頭30至40公分，柄的材料多為橡木。

136

陣笠

胸甲

護手

刀

護腿

日本的長柄槍步兵

　　在日本的戰國時代，也用到了大槍。但使用方法稍有變化。不是用於穿刺，而是用於擊打。

　　大槍之間的戰鬥是一場艱苦的耐力競賽。士兵們互相擁擠著以大槍對準敵人抽打。這樣一直下去，會打得隊形零亂。無法堅持而形成混亂的一方便會敗下陣來；另一方趁敵人陣腳大亂而一鼓作氣殺過去。

　　對付騎兵的時候，將槍墩牢牢固定在地上，槍尖衝著敵人的馬匹。如果馬的步伐亂了，就用大槍刺殺馬匹，或者抽打馬腿。

　　火槍的普及，使日本的大槍也從第一線退了下來，變成了火槍和弓箭的掩護武器。（店主）

Archer

弓兵

　　與白刃戰相比，諸位客人中肯定有人更喜歡遠遠地將敵人撂倒。飛行兵器有很多種類，弓箭可說是其中最為優雅簡練的武器。而且弓箭憑藉自己的威力，從3萬年前在石器時代出現，直到火槍類火器相對普及，在這漫長的歲月裡，一直被當作超過劍和槍的致勝武器。羅賓漢和威廉·退爾等人箭無虛發的射姿，也是英俊無比。

　　弓箭可以遠距離射倒敵人，有時還可以貫穿板金鎧。但它也有缺點。並不是誰都可以輕易掌握射箭技術的。弓兵既是普通的士兵，又是與步兵不同的特殊技能者。射中靶子並非易事，要是長弓那樣的長射程弓箭就更困難了。遠距離的靶子不能筆直地射，必須將箭以一定角度的拋物線射出。因此，訓練和才能是不可缺少的。在有的地區，從小就要接受嚴格的射箭訓練。

　　如果成了優秀的弓箭手，不論在什麼國家、什麼軍隊都會很搶手。能這樣的話，真是再好不過了。那時將有可能不再只是一介士兵，可以自由地憑著自己的力量建功立業。

　　本店裡既有最古老的短弓，也有活躍在英國的長弓，另外還有弩。總之，各種弓箭，一應俱全。（店主）

弓的種類與性能

攜帶的方便性

製作簡易
程度

使用方便性

貫穿力

有效射程

連射性

短弓 ————————
長弓 ------------------
弩

●英國的長弓兵（15世
紀左右）。身穿鎖子甲，
外套格狀緊身上衣或皮革
背心。頭盔是與頭部形狀
恰好吻合的樣式，或者戴
鍋形帽盔或氈帽。

139

Archer

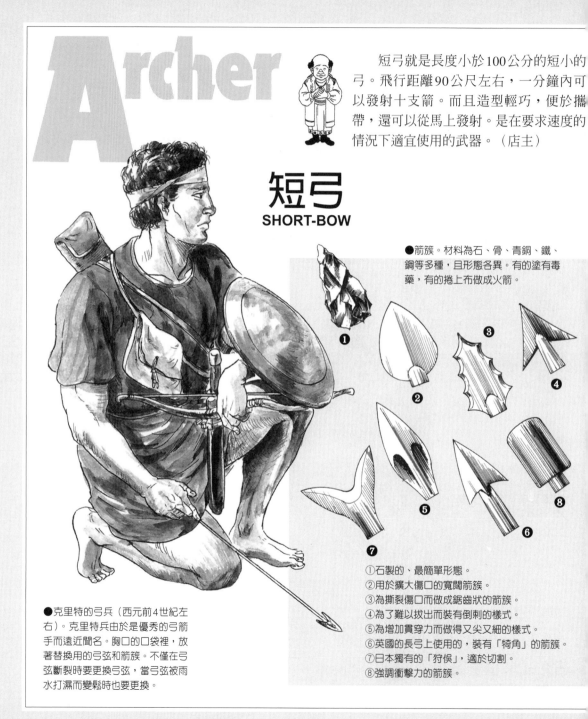

短弓就是長度小於100公分的短小的弓。飛行距離90公尺左右，一分鐘內可以發射十支箭。而且造型輕巧，便於攜帶，還可以從馬上發射。是在要求速度的情況下適宜使用的武器。（店主）

短弓
SHORT-BOW

●箭簇。材料為石、骨、青銅、鐵、鋼等多種，且形態各異。有的塗有毒藥，有的捲上布做成火箭。

❶

❷

❸

❹

❺

❻

❼

❽

①石製的、最簡單形態。
②用於擴大傷口的寬闊箭簇。
③為撕裂傷口而做成鋸齒狀的箭簇。
④為了難以拔出而裝有倒刺的樣式。
⑤為增加貫穿力而做得又尖又細的樣式。
⑥英國的長弓上使用的，裝有「犄角」的箭簇。
⑦日本獨有的「狩俣」，適於切割。
⑧強調衝擊力的箭簇。

●克里特的弓兵（西元前4世紀左右）。克里特兵由於是優秀的弓箭手而遠近聞名。胸口的口袋裡，放著替換用的弓弦和箭簇。不僅在弓弦斷裂時要更換弓弦，當弓弦被雨水打濕而變鬆時也要更換。

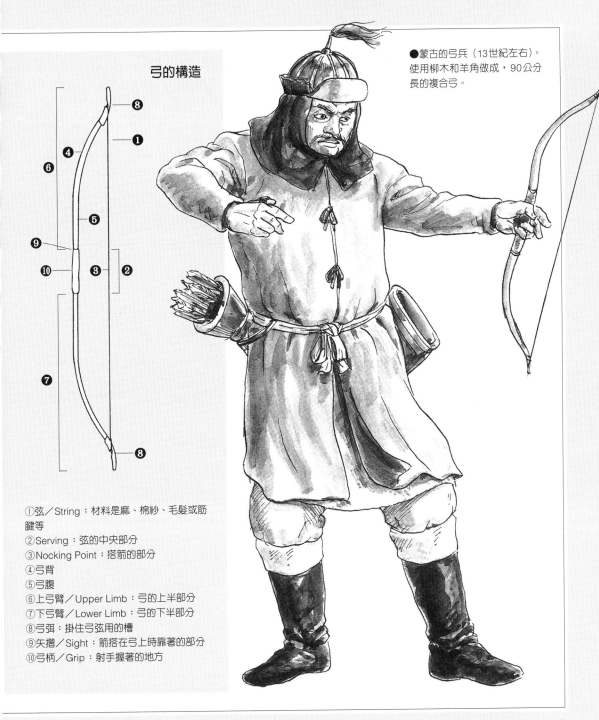

弓的構造

●蒙古的弓兵（13世紀左右）。
使用柳木和羊角做成，90公分
長的複合弓。

①弦／String：材料是麻、棉紗、毛髮或筋
腱等
②Serving：弦的中央部分
③Nocking Point：搭箭的部分
④弓背
⑤弓腹
⑥上弓臂／Upper Limb：弓的上半部分
⑦下弓臂／Lower Limb：弓的下半部分
⑧弓弭：掛住弓弦用的槽
⑨矢摺／Sight：箭搭在弓上時靠著的部分
⑩弓柄／Grip：射手握著的地方

Archer

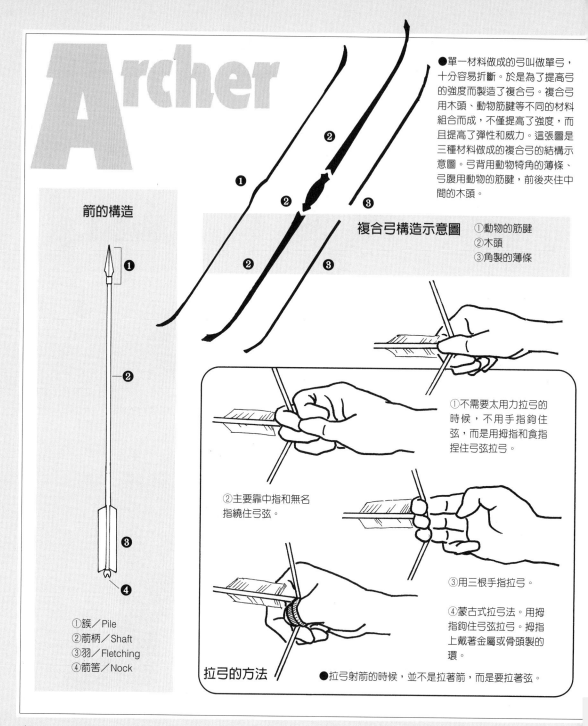

●單一材料做成的弓叫做單弓，十分容易折斷。於是為了提高弓的強度而製造了複合弓。複合弓用木頭、動物筋腱等不同的材料組合而成，不僅提高了強度，而且提高了彈性和威力。這張圖是三種材料做成的複合弓的結構示意圖。弓背用動物犄角的薄條、弓腹用動物的筋腱，前後夾住中間的木頭。

箭的構造

①簇／Pile
②箭柄／Shaft
③羽／Fletching
④箭筈／Nock

複合弓構造示意圖

①動物的筋腱
②木頭
③角製的薄條

①不需要太用力拉弓的時候，不用手指鉤住弦，而是用拇指和食指捏住弓弦拉弓。

②主要靠中指和無名指繞住弓弦。

③用三根手指拉弓。

④蒙古式拉弓法。用拇指鉤住弓弦拉弓。拇指上戴著金屬或骨頭製的環。

拉弓的方法

●拉弓射箭的時候，並不是拉著箭，而是要拉著弦。

長弓
LONG-BOW

　　Long Bow是發達於英國的長弓。長達1.6至2公尺，箭的最大飛行距離達250公尺，擁有優秀的射程和貫穿力。據說在獅心王理查的時代就已經使用了，但真正發揮其可怕威力的卻是百年戰爭（1337至1453年）。英國憑著長弓兵，擊敗了法國的裝甲騎士部隊。

　　此弓的魅力在於，其飛行距離和威力勝過短弓，且比弩輕便，還具有一分鐘6支箭的連射能力。但是，拉滿此弓需要超過60公斤的力量，對自己的體格和臂力沒有自信的人，最好還是放棄吧。

（店員）

❷

❸

❶

日耳曼的弓
①杉木製成的弓本體
②鐵或鹿角
③為防滑纏上的線

●日耳曼的戰士（4世紀左右）。使用2公尺長的弓。被認為是Long Bow的原型。

❷

143

Archer

●Long Bow重約0.8至1公斤，以杉木、山毛櫸或榆木製成。

●Long Bow的箭長約60至80公分（約為弓長度的一半）。以山毛櫸、橡木或樺木製成。山毛櫸較重，較有貫穿力，同時獲取容易，所以備受青睞。箭簇開始時並不鋒利，後來為增加貫通力而變得尖利。

●英國的長弓兵。長弓兵在行進時，不光拿著弓，還拿著一根粗木樁。這是用來插到地裡，在騎兵的攻擊下保護自己用的。身上的鎧甲雖然不是準備用來進行肉搏戰，但有時也會放下弓，拿起劍或者斧子等作戰。

●日本使用的和弓也是長弓的一種，是用竹子和木頭製成的複合弓。它的威力絕不遜色於英國的Long Bow。西洋的弓一般握在中央，在日本卻握在稍靠下的地方。採取這種位置的時候，由於弓整體向上傾斜，可以讓箭飛得更遠。

V形手勢的起源？

有人說V形手勢起源於英國的長弓兵。傳說在百年戰爭中，法軍吃盡了英國長弓兵的苦頭，於是砍掉俘虜的手指，使其不能再次拉弓。英國士兵便以伸出兩根手指作為挑釁行為，暗示必將帶著安然無恙的手指取得勝利。

●在頭巾上戴著長尾盔。由於衣服下穿的鎖子甲是短袖的，所以用板金鎧保護伸出的臂膀。很多弩兵都在膝蓋上也覆蓋了裝甲板。

弩
CROSSBOW

弩，是將弓水平地安放在有扳機的底座上的武器。中國早在西元前500年就已經有了威力強大的弩，歐洲從10世紀開始逐漸普及（西元前4世紀在希臘曾有過）。

弩的特徵之一，就是誰都可以使用。拉上弓弦後，如果放穩了再發射，要射中目標就比較簡單了。因此並不需要像長弓那樣接受嚴格訓練。

論威力，在弓箭裡可說是首屈一指。曾經有過在300公尺開外射穿板金鎧的紀錄。最大飛行距離300至350公尺，是能夠射得最遠的弓。但是，可能命中的距離與長弓沒有差別。而且，有的不僅能射箭，還能發射石塊或鉛彈。

威力來源於靠手無法拉動的堅韌弓弦和弓體。手無法拉動的話，如何搭箭呢？原來是靠腿的力量，或是使用工具拉開弓弦的。

弩的缺點就是拉弓需要時間，無法連續發射幾支箭。射一支箭需要一分鐘，如果裝的是強弓的話，就要花幾分鐘。而且既要將弩弓放至水平，還必須有搭箭的動作，所以需要寬敞的空間。但在作戰時，可以用與弓兵相同的隊形戰鬥。（店員）

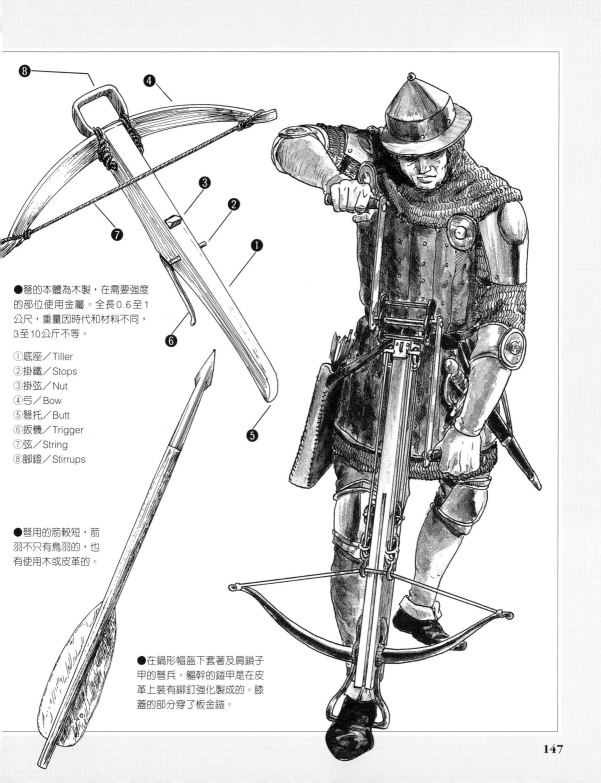

●弩的本體為木製，在需要強度的部位使用金屬。全長0.6至1公尺，重量因時代和材料不同，3至10公斤不等。

①底座／Tiller
②掛鐵／Stops
③掛弦／Nut
④弓／Bow
⑤弩托／Butt
⑥扳機／Trigger
⑦弦／String
⑧腳鐙／Stirrups

●弩用的箭較短，箭羽不只有鳥羽的，也有使用木或皮革的。

●在鍋形帽盔下套著及肩鎖子甲的弩兵。軀幹的鎧甲是在皮革上裝有鉚釘強化製成的。膝蓋的部分穿了板金鎧。

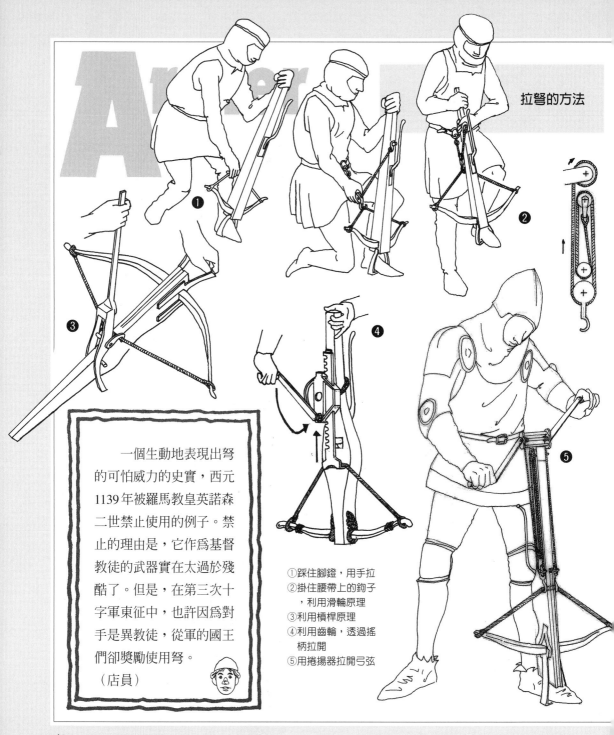

拉弩的方法

一個生動地表現出弩的可怕威力的史實，西元1139年被羅馬教皇英諾森二世禁止使用的例子。禁止的理由是，它作為基督教徒的武器實在太過於殘酷了。但是，在第三次十字軍東征中，也許因為對手是異教徒，從軍的國王們卻獎勵使用弩。（店員）

①踩住腳鐙，用手拉
②掛住腰帶上的鉤子，利用滑輪原理
③利用槓桿原理
④利用齒輪，透過搖柄拉開
⑤用捲揚器拉開弓弦

148

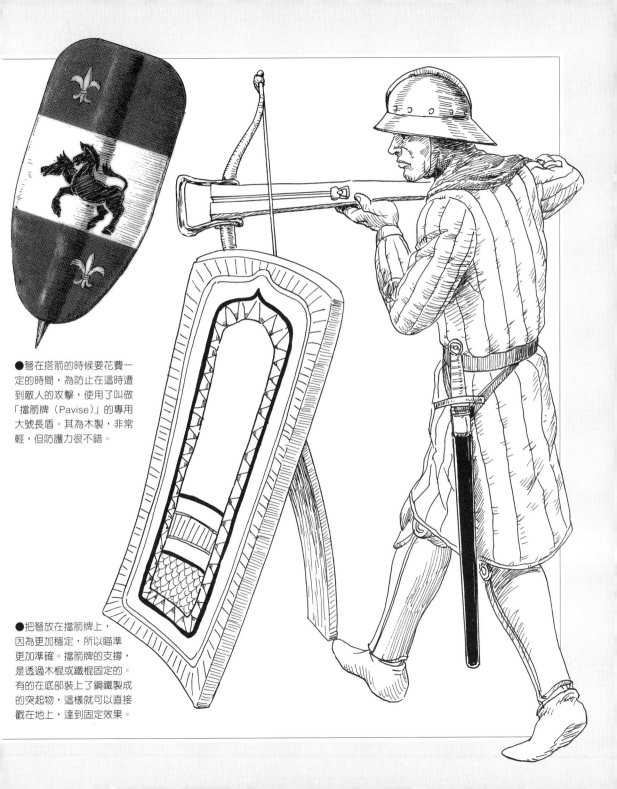

●弩在搭箭的時候要花費一定的時間，為防止在這時遭到敵人的攻擊，使用了叫做「擋箭牌（Pavise）」的專用大號長盾。其為木製，非常輕，但防護力很不錯。

●把弩放在擋箭牌上，因為更加穩定，所以瞄準更加準確。擋箭牌的支撐，是透過木棍或鐵棍固定的。有的在底部裝上了鋼鐵製成的突起物，這樣就可以直接戳在地上，達到固定效果。

Thrower

投擲兵

　　這裡的投擲兵，是指使用投擲用武器的士兵，即大幅度運動身體，靠慣性投出武器的士兵。投擲用武器主要是在戰役開始時，為掩護己方使用的。因此可見，投擲用武器不會很輕。有時它還是比劍或斧頭更有效的武器呢。

　　人類最早使用的飛行武器是石頭。後來逐漸演變成了標槍、弓箭，最終發展為火槍等火器。但在這個角落，它專指投石索和標槍，可以說是專為使用原始武器的客人準備的。

　　剛開始使用投擲武器的客人，請聽我們來告訴您裝備的要領。首先，除了投擲武器，還須帶上白兵戰用的武器——劍、槍，最起碼也要有格鬥用的小刀——請務必帶上。再者，裝備輕便是很重要的。穿上了板金鎧之類的重裝備，是無法順利投擲的。（店主）

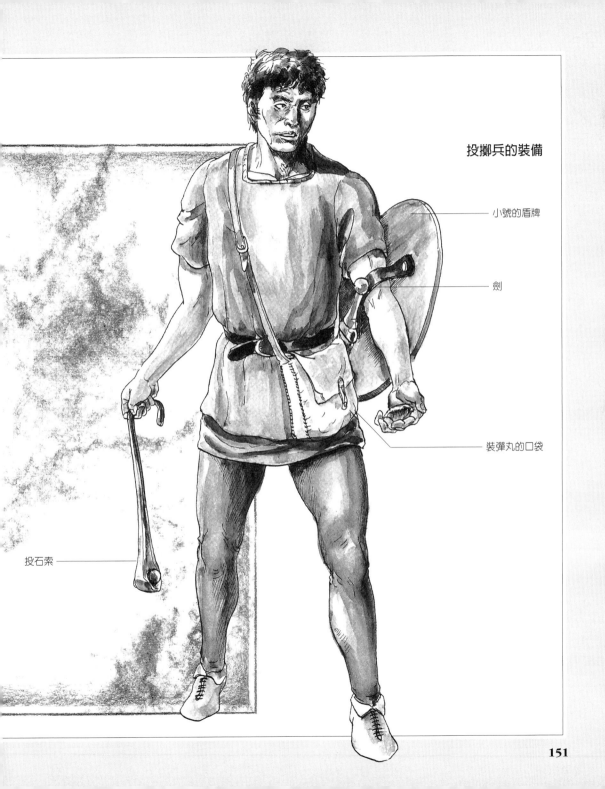

投擲兵的裝備

小號的盾牌

劍

裝彈丸的口袋

投石索

151

Thrower

投石索 SLING

投石又叫做「扔石子」，用在戰鬥最開始的時候。雖然不過是撿起手邊的小石塊再扔出去，但比起最早的弓箭，它的準確性更高，射程更遠。投石索（Sling）就是為了最大限度地加長射程、增加威力而發明的。雖說所謂發明不過是條中間稍微加寬的長帶子，但使用這帶子的構想，確實是一項發明。

彈丸使用的是石頭或鉛塊。絕不能因為石頭遍地都有，就不帶彈丸上戰場。因為周遭不會有這麼多大小合適的石頭，所以還是要將彈丸口袋裝得滿滿的。

既沒有錢，又對臂力缺乏自信的客人，投石索是您非常合適的選擇。（店主）

●浮雕上描繪的巴比倫投擲兵（元前8世紀左右）。由此可見當時經在使用投石索了。

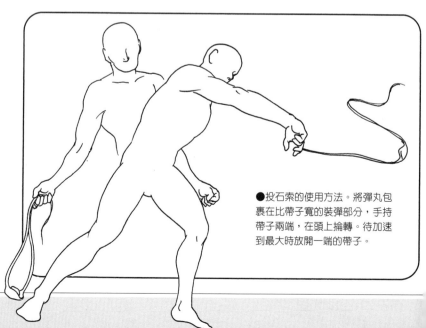

●投石索雖然是最原始的武器，但一直使用到十字軍東征時期，可見其具有相當的威力。帶子中央有一個皮革或布製的部分，用來安置彈丸。

●投石索的使用方法。將彈丸包裹在比帶子寬的裝彈部分，手持帶子兩端，在頭上掄轉。待加速到最大時放開一端的帶子。

152

多球捕獸繩
BOLA

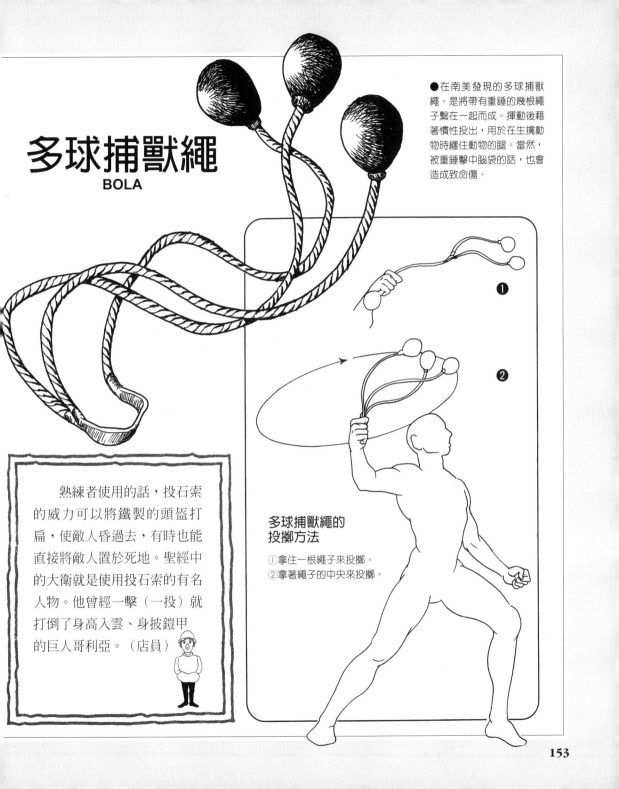

● 在南美發現的多球捕獸繩。是將帶有重錘的幾根繩子繫在一起而成。揮動後藉著慣性投出，用於在生擒動物時纏住動物的腿。當然，被重錘擊中腦袋的話，也會造成致命傷。

熟練者使用的話，投石索的威力可以將鐵製的頭盔打扁，使敵人昏過去，有時也能直接將敵人置於死地。聖經中的大衛就是使用投石索的有名人物。他曾經一擊（一投）就打倒了身高入雲、身披鎧甲的巨人哥利亞。（店員）

多球捕獸繩的投擲方法

❶拿住一根繩子來投擲。
❷拿著繩子的中央來投擲。

❶
❷

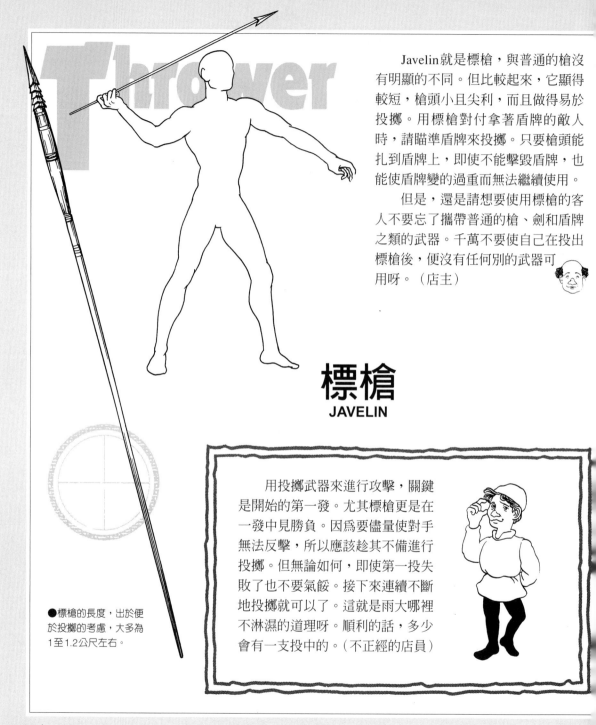

Javelin就是標槍，與普通的槍沒有明顯的不同。但比較起來，它顯得較短，槍頭小且尖利，而且做得易於投擲。用標槍對付拿著盾牌的敵人時，請瞄準盾牌來投擲。只要槍頭能扎到盾牌上，即使不能擊毀盾牌，也能使盾牌變的過重而無法繼續使用。

但是，還是請想要使用標槍的客人不要忘了攜帶普通的槍、劍和盾牌之類的武器。千萬不要使自己在投出標槍後，便沒有任何別的武器可用呀。（店主）

標槍
JAVELIN

●標槍的長度，出於便於投擲的考慮，大多為1至1.2公尺左右。

用投擲武器來進行攻擊，關鍵是開始的第一發。尤其標槍更是在一發中見勝負。因為要儘量使對手無法反擊，所以應該趁其不備進行投擲。但無論如何，即使第一投失敗了也不要氣餒。接下來連續不斷地投擲就可以了。這就是雨大哪裡不淋濕的道理呀。順利的話，多少會有一支投中的。（不正經的店員）

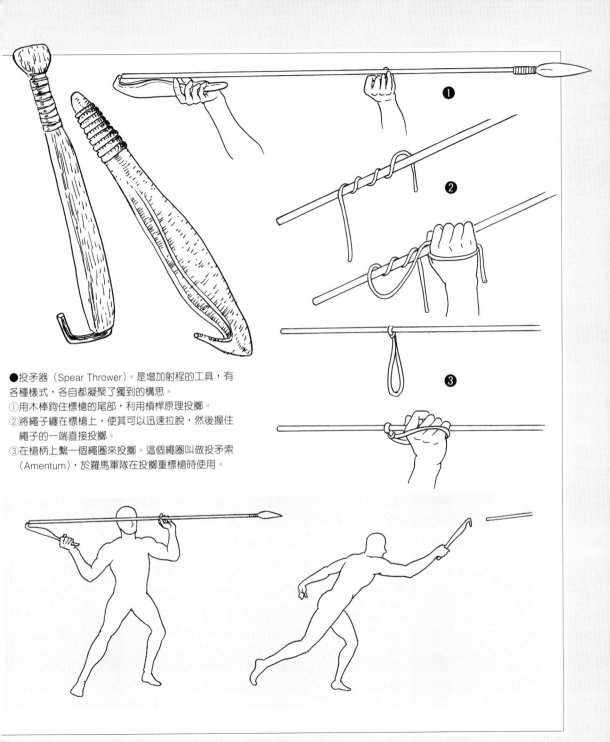

●投矛器（Spear Thrower）。是增加射程的工具，有各種樣式，各自都凝聚了獨到的構思。

①用木棒鉤住標槍的尾部，利用槓桿原理投擲。

②將繩子纏在標槍上，使其可以迅速拉脫，然後握住繩子的一端直接投擲。

③在槍柄上繫一個繩圈來投擲。這個繩圈叫做投矛索（Amentum），於羅馬軍隊在投擲重標槍時使用。

Light-cavalryman

輕裝騎兵

　　大家一聽到騎兵，大概會有兵中王牌的印象吧。其實在最初，騎兵並不是軍隊裡重要的一部分。這是因為在中世紀以前，馬匹非常貴重。馬匹的數量既少，訓馬又要花費大量的勞力和費用。因此馬只是給非常有限的人群作為高級代步工具，如國王、貴族、士兵中的高級指揮官等等。所以騎著馬的士兵，在當時並沒有衝散敵軍、攻破敵陣的核心作用。某種程度上說，馬隊主要是站在隊列前面，以向敵人顯示自己擁有的馬匹，具有很強的威嚇作用。

　　另一方面，居住在亞洲的遊牧民族卻擁有豐富的馬匹，還存在像蒙古帝國軍隊那樣全員皆騎兵，甚至一人幾匹馬的軍隊。

　　哎呀，好像有點太囉嗦了。下面來介紹輕裝騎兵的裝備吧。輕裝騎兵，正如其名，是不穿鎧甲，只穿著最低限度防具的騎兵。由於具有優秀的機動能力，與戰鬥相比，主要活躍在偵察和傳令上。主要的武器是標槍和弓箭等。

　　同時，在這個角落還準備了各種馬具。不要忘記，正是馬具的進步，才使騎兵真正成為了軍中王牌。（店主）

●古希臘的輕裝騎兵（西元前
5世紀左右）。手持標槍，馬具
還只有彎頭。希臘本來就多
山，騎兵戰術並不發達。

Light-cavalryman

標槍是古代輕裝騎兵的主要武器之一。需要拿著3根左右的標槍，去接近敵人。若您來自還未發明馬鐙的世界，就請您儘量不要過於接近敵人。因為無法在馬上保持安穩，所以在近距離的白刃戰中，雖然騎著馬，卻並不是特別有利。請迂迴到敵人的側翼去投擲標槍。（店員）

標槍

塞西亞族
Scythian

最早作為遊牧騎馬民族出現在歷史舞臺上的，是塞西亞族。西元前6世紀時，他們在黑海、裡海以北的草原上建立了王國。塞西亞的族名是希臘人起的，由此可見希臘人對他們的重視（恐懼）。（店員）

●塞西亞的騎兵（西元前6世紀）。當希臘城邦間的戰爭激烈時，塞西亞人便出賣他們過人的射藝和騎術，充當傭兵活躍於戰場上。

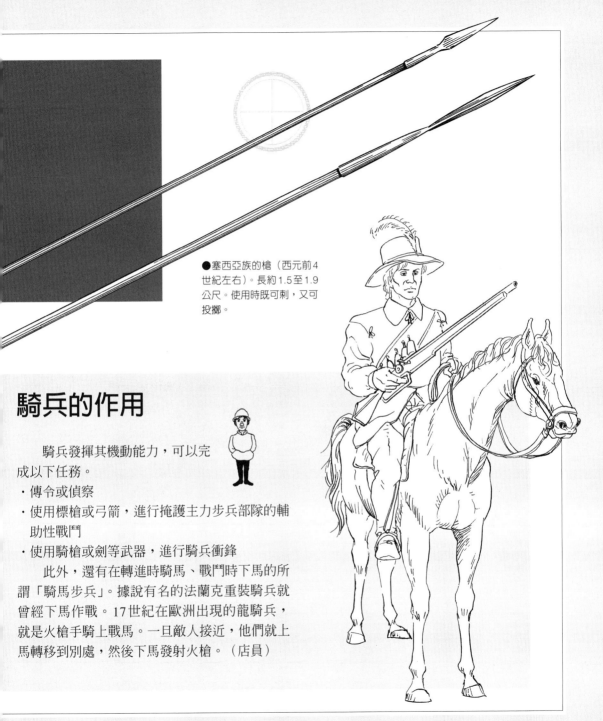

●塞西亞族的槍（西元前4世紀左右）。長約1.5至1.9公尺。使用時既可刺，又可投擲。

騎兵的作用

騎兵發揮其機動能力，可以完成以下任務。

・傳令或偵察
・使用標槍或弓箭，進行掩護主力步兵部隊的輔助性戰鬥
・使用騎槍或劍等武器，進行騎兵衝鋒

此外，還有在轉進時騎馬、戰鬥時下馬的所謂「騎馬步兵」。據說有名的法蘭克重裝騎兵就曾經下馬作戰。17世紀在歐洲出現的龍騎兵，就是火槍手騎上戰馬。一旦敵人接近，他們就上馬轉移到別處，然後下馬發射火槍。（店員）

159

Light-cavalryman

●蒙古的輕裝騎兵（13世紀左右）。
身上一點也沒有像是鎧甲的東西。
對於重視機動能力的他們，或許鎧
甲不過是累贅。主要的武器是弓箭
和劍，有時也使用標槍。

弓箭

　　弓箭不僅是輕裝騎兵的武器，
也是重裝騎兵使用的主要武器。特
別是短弓，因為便於在馬上操作，
所以更是經常使用。但是在馬上射
箭，必須有很高超的射藝和騎術。
那可不是客人們看看就能做得到的
喔。（不正經的店員）

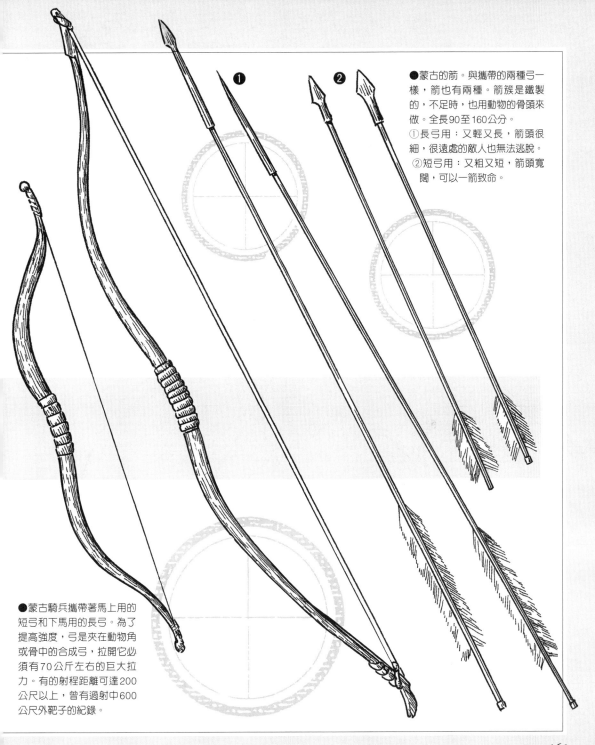

●蒙古的箭。與攜帶的兩種弓一樣，箭也有兩種。箭簇是鐵製的，不足時，也用動物的骨頭來做。全長90至160公分。

①長弓用：又輕又長，箭頭很細，很遠處的敵人也無法逃脫。

②短弓用：又粗又短，箭頭寬闊，可以一箭致命。

●蒙古騎兵攜帶著馬上用的短弓和下馬用的長弓。為了提高強度，弓是夾在動物角或骨中的合成弓，拉開它必須有70公斤左右的巨大拉力。有的射程距離可達200公尺以上，曾有過射中600公尺外靶子的紀錄。

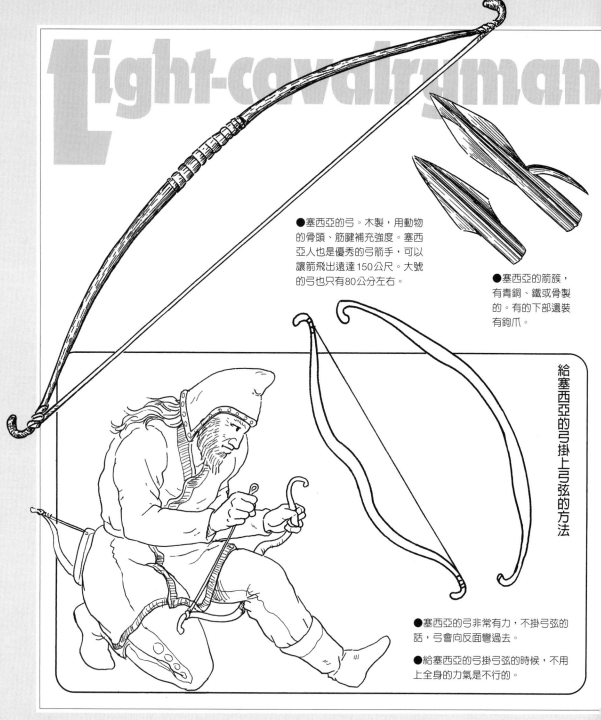

Light-cavalryman

●塞西亞的弓。木製,用動物的骨頭、筋腱補充強度。塞西亞人也是優秀的弓箭手,可以讓箭飛出遠達150公尺。大號的弓也只有80公分左右。

●塞西亞的箭簇,有青銅、鐵或骨製的。有的下部還裝有鉤爪。

給塞西亞的弓掛上弓弦的方法

●塞西亞的弓非常有力,不掛弓弦的話,弓會向反面彎過去。

●給塞西亞的弓掛弓弦的時候,不用上全身的力氣是不行的。

162

馬具

騎兵最不可缺少的，首先就是騎著的馬。勿庸贅言，獲得訓練精熟的馬匹非常重要。其次重要的就是馬具。不管胯下的馬有多好，如果只是一匹裸馬，也會立即被摔下來。求購騎兵用武器的客人，不要光把注意力集中在鎧甲和武器上，別忘了還要挑選一些馬具呀。（店主）

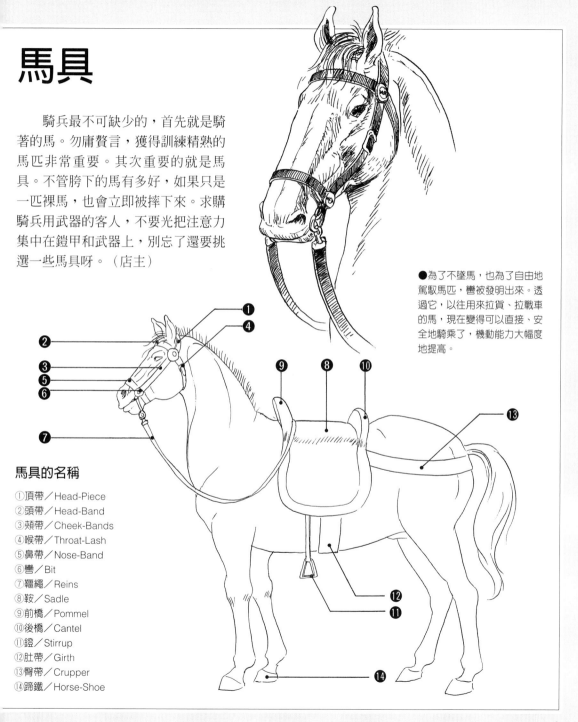

●為了不墜馬，也為了自由地駕馭馬匹，彎被發明出來。透過它，以往用來拉貨、拉戰車的馬，現在變得可以直接、安全地騎乘了，機動能力大幅度地提高。

馬具的名稱

①頂帶／Head-Piece
②頭帶／Head-Band
③頰帶／Cheek-Bands
④喉帶／Throat-Lash
⑤鼻帶／Nose-Band
⑥彎／Bit
⑦韁繩／Reins
⑧鞍／Sadle
⑨前橋／Pommel
⑩後橋／Cantel
⑪鐙／Stirrup
⑫肚帶／Girth
⑬臀帶／Crupper
⑭蹄鐵／Horse-Shoe

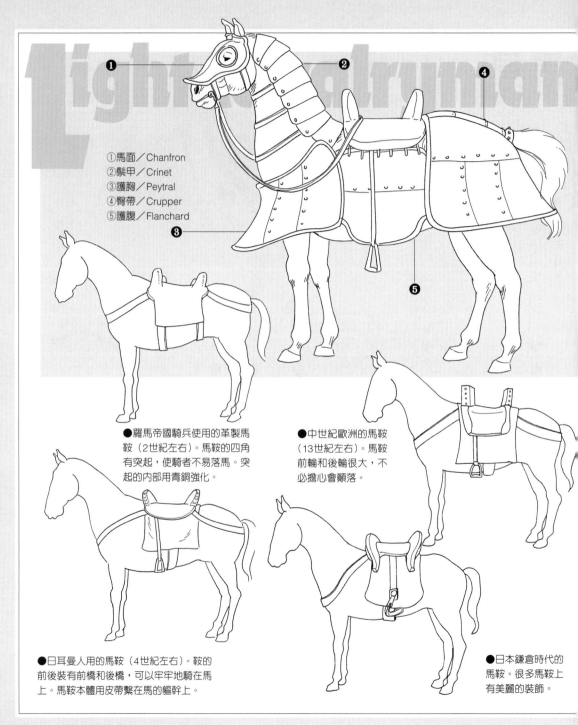

①馬面／Chanfron
②鬃甲／Crinet
③護胸／Peytral
④臀帶／Crupper
⑤護腹／Flanchard

●羅馬帝國騎兵使用的革製馬鞍（2世紀左右）。馬鞍的四角有突起，使騎者不易落馬。突起的內部用青銅強化。

●中世紀歐洲的馬鞍（13世紀左右）。馬鞍前輪和後輪很大，不必擔心會顛落。

●日耳曼人用的馬鞍（4世紀左右）。鞍的前後裝有前橋和後橋，可以牢牢地騎在馬上。馬鞍本體用皮帶繫在馬的軀幹上。

●日本鎌倉時代的馬鞍。很多馬鞍上有美麗的裝飾。

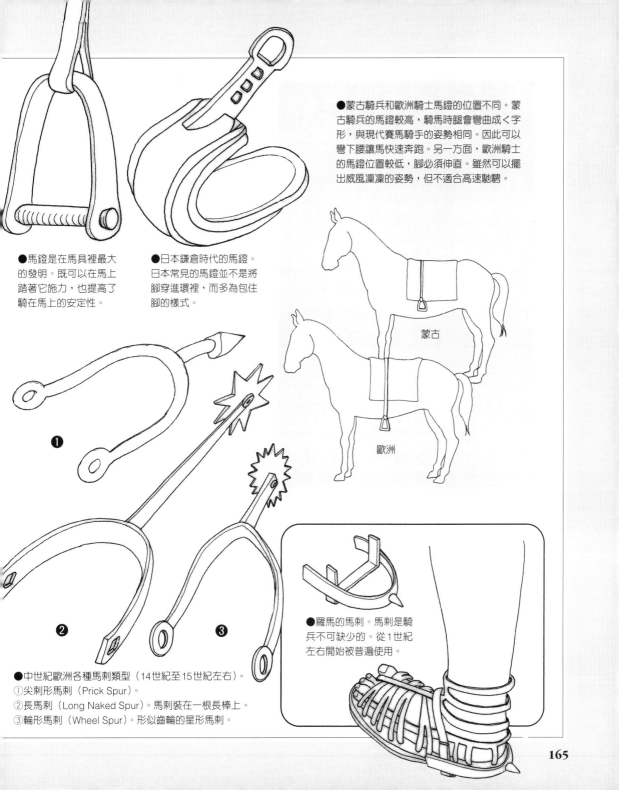

●馬鐙是在馬具裡最大
的發明。既可以在馬上
踏著它施力，也提高了
騎在馬上的安定性。

●日本鎌倉時代的馬鐙。
日本常見的馬鐙並不是將
腳穿進環裡，而多為包住
腳的樣式。

●蒙古騎兵和歐洲騎士馬鐙的位置不同。蒙
古騎兵的馬鐙較高，騎馬時腿會彎曲成ㄑ字
形，與現代賽馬騎手的姿勢相同。因此可以
彎下腰讓馬快速奔跑。另一方面，歐洲騎士
的馬鐙位置較低，腳必須伸直。雖然可以擺
出威風凜凜的姿勢，但不適合高速馳騁。

蒙古

歐洲

●羅馬的馬刺。馬刺是騎
兵不可缺少的。從1世紀
左右開始被普遍使用。

●中世紀歐洲各種馬刺類型（14世紀至15世紀左右）。
①尖刺形馬刺（Prick Spur）。
②長馬刺（Long Naked Spur）。馬刺裝在一根長棒上。
③輪形馬刺（Wheel Spur）。形似齒輪的星形馬刺。

Heavy-cavalryman

重裝騎兵

　　重裝騎兵身穿鎧甲，主要作用是騎兵衝鋒。重裝騎兵在當時發揮了相當於坦克在20世紀的威力。據說一支僅有200人的法蘭克重裝騎兵隊，就曾經消滅過一個小國家的軍隊。騎兵以集團發起衝鋒的時候，步兵是難以在很近的距離上抵擋的。步兵對騎兵的戰術，只能在較高的山丘上結陣，從而使馬的速度降低，或者密集起來使馬不能衝破隊形。

　　重裝騎兵雖然發揮了巨大的威力，但單獨或少量地行動都是危險的。不管擁有多少重裝騎兵，只要使用的數量少了，也只會被在機動性上勝出的步兵所吞噬。因此可以說，騎兵運用的關鍵就是兵力的集中。而且如果能靈活地運用機動能力、不等敵人重新站穩陣腳，就排山倒海地反覆席捲戰場，重裝騎兵部隊就所向無敵了。（店主）

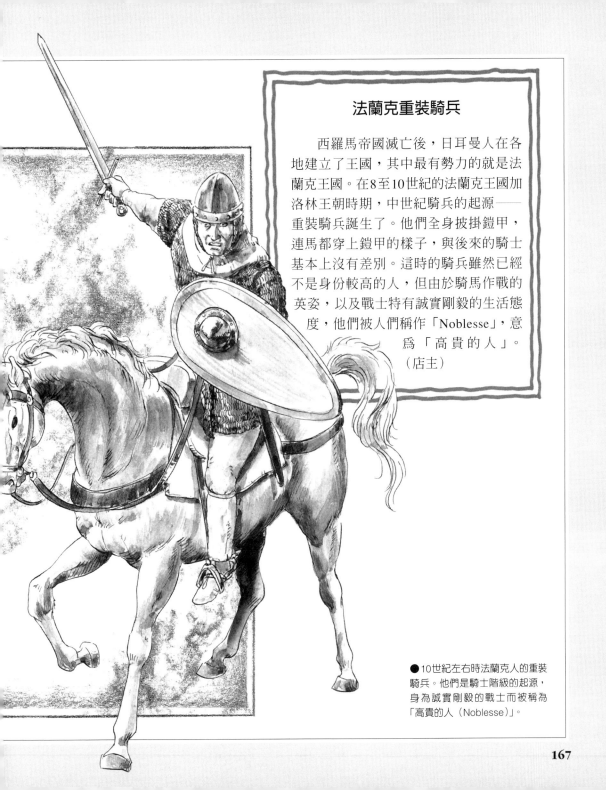

法蘭克重裝騎兵

　　西羅馬帝國滅亡後，日耳曼人在各地建立了王國，其中最有勢力的就是法蘭克王國。在8至10世紀的法蘭克王國加洛林王朝時期，中世紀騎兵的起源——重裝騎兵誕生了。他們全身披掛鎧甲，連馬都穿上鎧甲的樣子，與後來的騎士基本上沒有差別。這時的騎兵雖然已經不是身份較高的人，但由於騎馬作戰的英姿，以及戰士特有誠實剛毅的生活態度，他們被人們稱作「Noblesse」，意為「高貴的人」。
（店主）

●10世紀左右時法蘭克人的重裝騎兵。他們是騎士階級的起源，身為誠實剛毅的戰士而被稱為「高貴的人（Noblesse）」。

Heavy-cavalryman

●塞西亞人的手斧。加了裝飾，看起來並不結實，但刃口是鐵製的。

●全副武裝的塞西亞王族（西元前6世紀左右）。盔是青銅製的，盾牌和鱗甲是鐵製的。盾牌的中央有塞西亞族特有的雕刻圖案。斧、劍，以及馬的臉上和胸部的裝飾都是金製的。還帶上了弓箭。

古代的重裝騎兵

前面在輕裝騎兵的角落裡已經說過了，在古老的年代，騎兵不過只具有威嚇程度的作用。特別是重裝騎兵的裝備相當值錢，只有有錢人才可能充當。（店主）

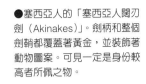

●塞西亞人的「塞西亞人闊刃劍（Akinakes）」。劍柄和整個劍鞘都覆蓋著黃金，並裝飾著動物圖案。可見一定是身份較高者所佩之物。

●塞西亞人作為各個城邦的傭兵，與希臘有很深的關係。有很多頭盔的樣式也在相互影響著。

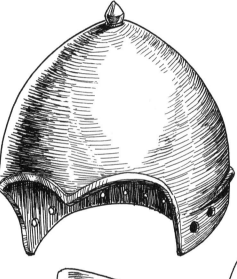

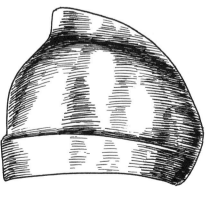

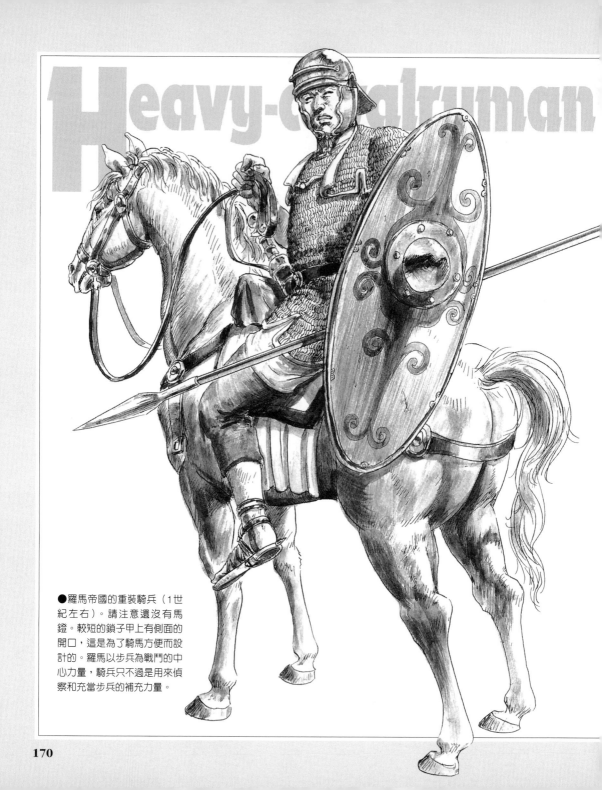

●羅馬帝國的重裝騎兵（1世紀左右）。請注意還沒有馬鐙。較短的鎖子甲上有側面的開口，這是為了騎馬方便而設計的。羅馬以步兵為戰鬥的中心力量，騎兵只不過是用來偵察和充當步兵的補充力量。

●日耳曼騎兵（4世紀左右）。透過使用健壯的馬匹、改良馬鞍，以及開始使用馬鐙和蹄鐵，使得馬上的戰鬥能力和馬的轉進能力大幅度提高。

日耳曼民族大遷徙

日耳曼民族是從斯堪地納維亞半島周圍，遷移到歐洲北部和東部的民族，居住在羅馬帝國的邊境。西元前1世紀左右開始與羅馬發生接觸，約在3世紀開始，大量日耳曼人開始在羅馬帝國境內生活。而且到了4世紀，被來自東歐的匈奴人入侵、失去家園的日耳曼人，大量湧入羅馬帝國。這時羅馬帝國已經分裂為東西兩部，西羅馬帝國就因為這場動亂，在5世紀滅亡了。（店員）

同伴騎兵

●亞歷山大時代的馬其頓騎兵（西元前4世紀）。手持騎兵使用的馬其頓大槍。亞歷山大大帝看到波斯的騎兵，便在自己的軍隊中加入了持有「Xyston」長槍的騎兵部隊。特點是馬的軀幹上披掛著豹皮。

同伴騎兵（Heteroi）是馬其頓的亞歷山大大帝率領的騎兵。他們拿著有3至4公尺長的長槍，這種槍被叫做「Xyston」。（店員）

172

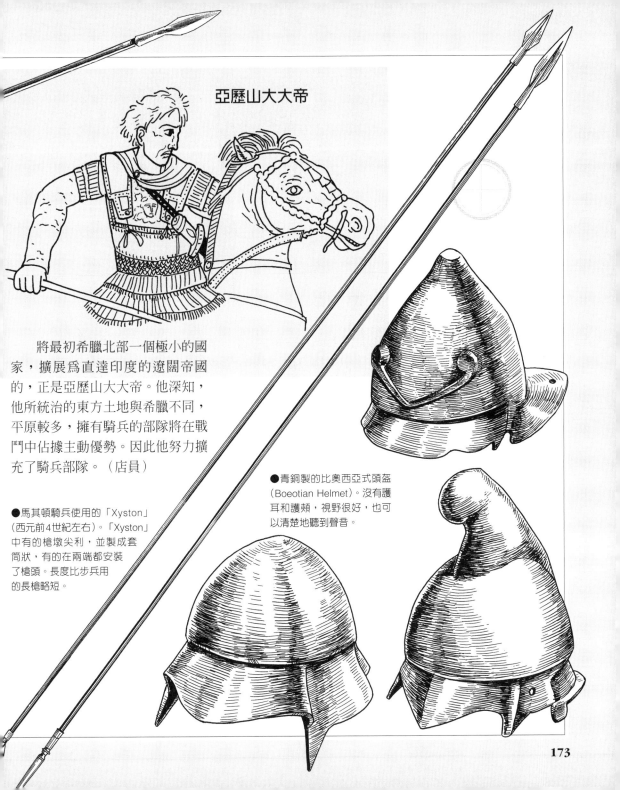

亞歷山大大帝

將最初希臘北部一個極小的國家，擴展爲直達印度的遼闊帝國的，正是亞歷山大大帝。他深知，他所統治的東方土地與希臘不同，平原較多，擁有騎兵的部隊將在戰鬥中佔據主動優勢。因此他努力擴充了騎兵部隊。（店員）

●馬其頓騎兵使用的「Xyston」（西元前4世紀左右）。「Xyston」中有的槍墩尖利，並製成套筒狀，有的在兩端都安裝了槍頭。長度比步兵用的長槍略短。

●青銅製的比奧西亞式頭盔（Boeotian Helmet）。沒有護耳和護頰，視野很好，也可以清楚地聽到聲音。

173

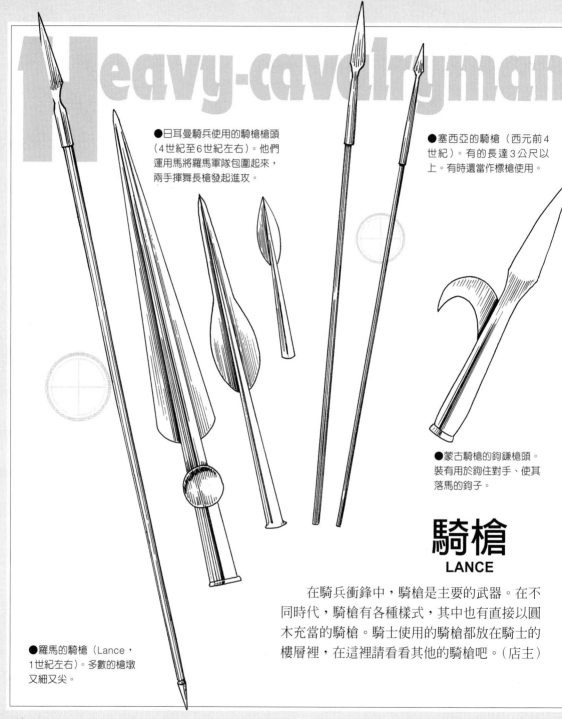

●日耳曼騎兵使用的騎槍槍頭（4世紀至6世紀左右）。他們運用馬將羅馬軍隊包圍起來，兩手揮舞長槍發起進攻。

●塞西亞的騎槍（西元前4世紀）。有的長達3公尺以上。有時還當作標槍使用。

●蒙古騎槍的鉤鐮槍頭。裝有用於鉤住對手、使其落馬的鉤子。

騎槍
LANCE

在騎兵衝鋒中，騎槍是主要的武器。在不同時代，騎槍有各種樣式，其中也有直接以圓木充當的騎槍。騎士使用的騎槍都放在騎士的樓層裡，在這裡請看看其他的騎槍吧。（店主）

●羅馬的騎槍（Lance，1世紀左右）。多數的槍墩又細又尖。

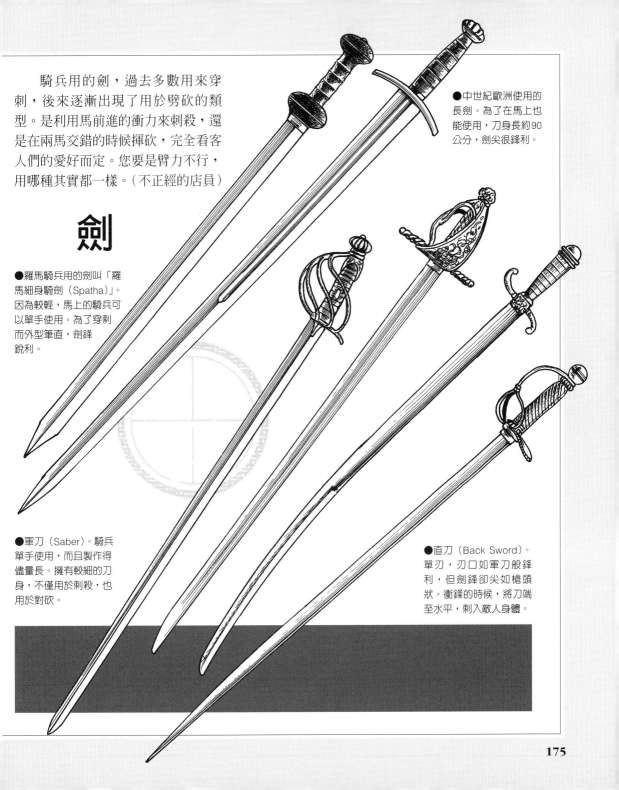

　騎兵用的劍，過去多數用來穿刺，後來逐漸出現了用於劈砍的類型。是利用馬前進的衝力來刺殺，還是在兩馬交錯的時候揮砍，完全看客人們的愛好而定。您要是臂力不行，用哪種其實都一樣。（不正經的店員）

劍

●羅馬騎兵用的劍叫「羅馬細身騎劍（Spatha）」。因為較輕，馬上的騎兵可以單手使用。為了穿刺而外型筆直，劍鋒銳利。

●中世紀歐洲使用的長劍。為了在馬上也能使用，刀身長約90公分，劍尖很鋒利。

●軍刀（Saber）。騎兵單手使用，而且製作得儘量長。擁有較細的刀身，不僅用於刺殺，也用於對砍。

●直刀（Back Sword）。單刃，刃口如軍刀般鋒利，但劍鋒卻尖如槍頭狀。衝鋒的時候，將刀端至水平，刺入敵人身體。

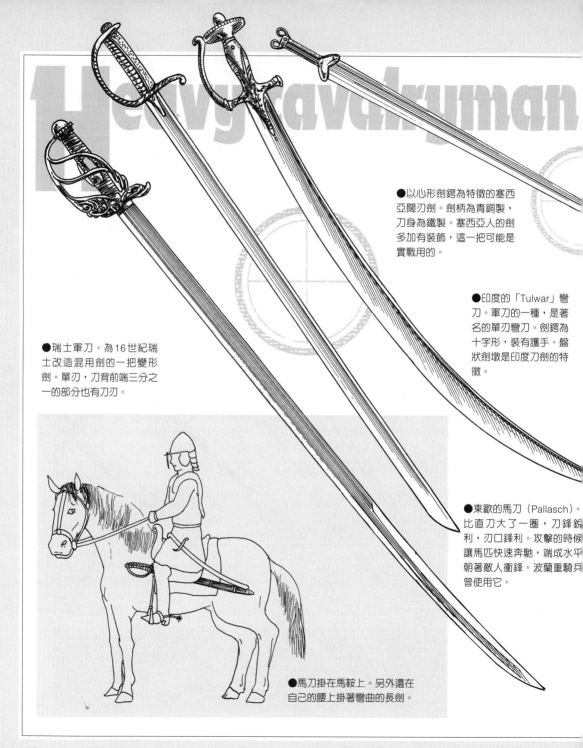

●以心形劍鍔為特徵的塞西亞闊刃劍。劍柄為青銅製，刀身為鐵製。塞西亞人的劍多加有裝飾，這一把可能是實戰用的。

●印度的「Tulwar」彎刀。軍刀的一種，是著名的單刃彎刀。劍鍔為十字形，裝有護手。盤狀劍墩是印度刀劍的特徵。

●瑞士軍刀。為16世紀瑞士改造混用劍的一把變形劍。單刃，刀背前端三分之一的部分也有刀刃。

●東歐的馬刀（Pallasch）。比直刀大了一圈，刀鋒銳利，刃口鋒利。攻擊的時候讓馬匹快速奔馳，端成水平朝著敵人衝鋒。波蘭重騎兵曾使用它。

●馬刀掛在馬鞍上。另外還在自己的腰上掛著彎曲的長劍。

蒙古重裝騎兵

　　從12世紀至13世紀，蒙古帝國在一瞬間擴張為橫跨亞、歐的大帝國。他們的軍隊全員都是騎兵，而且一人有5、6匹馬。身為騎馬民族，由於從出生起便和馬生活在一起，所以練就了超群的騎術，在別國軍隊面前當然所向無敵。在這些蒙古騎兵中，只有身份較高的將軍才能成為重裝騎兵，我們就介紹一下他們吧。（店主）

蒙古的軍制

　　在蒙古，軍隊是以10為單位編成的。
十戶隊　　10人
百戶隊　　10×10人
千戶隊　　10×10×10人
萬戶隊　　10×10×10×10人

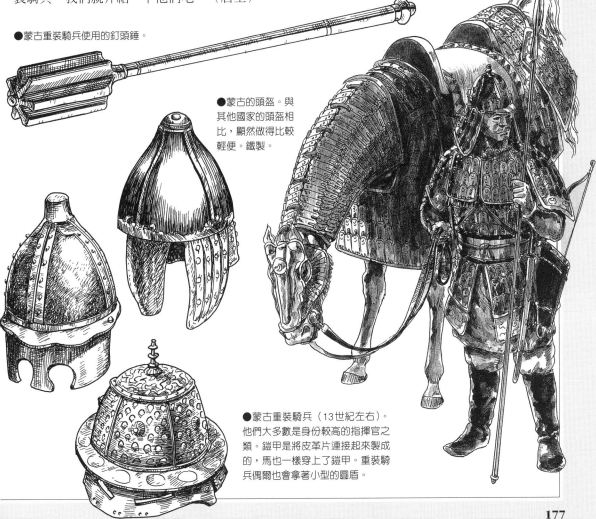

●蒙古重裝騎兵使用的釘頭錘。

●蒙古的頭盔。與其他國家的頭盔相比，顯然做得比較輕便。鐵製。

●蒙古重裝騎兵（13世紀左右）。他們大多數是身份較高的指揮官之類。鎧甲是將皮革片連接起來製成的，馬也一樣穿上了鎧甲。重裝騎兵偶爾也會拿著小型的圓盾。

177

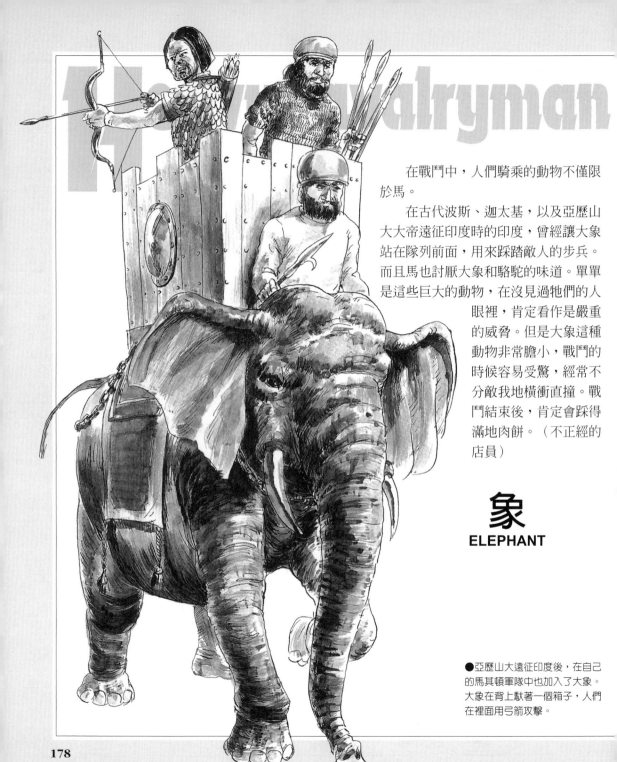

在戰鬥中，人們騎乘的動物不僅限於馬。

在古代波斯、迦太基，以及亞歷山大大帝遠征印度時的印度，曾經讓大象站在隊列前面，用來踩踏敵人的步兵。而且馬也討厭大象和駱駝的味道。單單是這些巨大的動物，在沒見過牠們的人眼裡，肯定看作是嚴重的威脅。但是大象這種動物非常膽小，戰鬥的時候容易受驚，經常不分敵我地橫衝直撞。戰鬥結束後，肯定會踩得滿地肉餅。（不正經的店員）

象
ELEPHANT

●亞歷山大遠征印度後，在自己的馬其頓軍隊中也加入了大象。大象在背上馱著一個箱子，人們在裡面用弓箭攻擊。

駱駝
CAMEL

下面要說說駱駝。因為駱駝棲息在乾旱地帶，是善於馱運貨物的頑強動物，所以自古便作為家畜飼養。阿拉伯人曾經用駱駝來代替馬匹。但無論怎麼想，騎駱駝的感覺並不好。看來表情不急不徐的駱駝還是只適合用來馱運貨物呀。（店主）

●遊牧民族和馬一起遷移的時候，駱駝是不可缺少的運載工具。駱駝雖然不是能像馬一樣馳騁的動物，但是牠非常頑強，適合馱運貨物。

●在沙漠等地，駱駝反而能發揮行動力。在波斯還曾經有駱駝軍。駱駝上的士兵使用弓箭戰鬥。

Norman

諾曼騎兵

　　11世紀的諾曼騎兵，曾經對西歐的騎兵裝備造成巨大影響。諾曼騎兵們是中世紀騎兵的始祖，他們的馬具和以騎兵衝鋒爲中心的戰術，給西歐的「騎馬作戰」帶來了巨大的變化。觀察他們的裝備，也就是在觀察騎兵裝備中必須設置的工藝。身爲騎兵或騎士的客人，請務必要看看呀。（店主）

●諾曼公爵威廉，在哈斯丁斯（Hastings）戰役中擊敗了盎格魯薩克遜人，從而征服了英格蘭（征服者威廉）。戰鬥的場面被繡在布上以茲記錄。這張掛毯被稱作巴游掛毯（Bayeux Tapestry）。從上面我們可以看到當時諾曼騎兵的裝備。

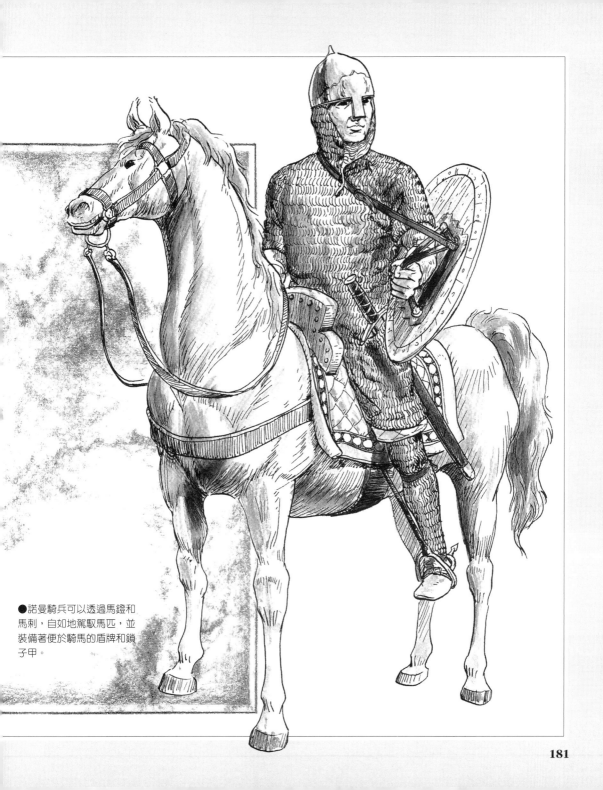

●諾曼騎兵可以透過馬鐙和馬刺，自如地駕馭馬匹，並裝備著便於騎馬的盾牌和鎖子甲。

③掛上劍。

①穿上護腿。

②穿上鎧下襯服。它是塞入棉花後縫成格子狀的衣服。由地位較高的騎士所使用。

●半袖、齊膝蓋長的鎖子甲。袖子逐漸演變成長袖。為了不影響身體行動，做得很寬鬆，而且為方便騎馬，在前後加了開叉。很多頭巾是與鎖子甲一體的。重約12公斤，鎧下襯衣比鎖子甲略長。

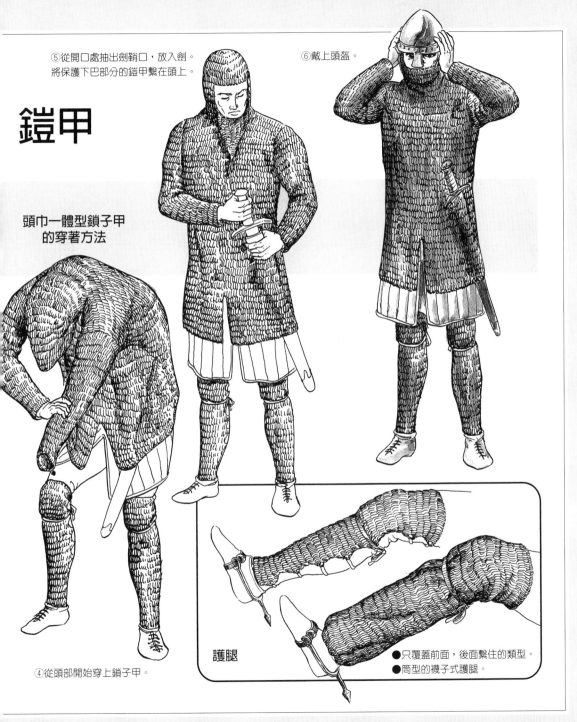

⑤從開口處抽出劍鞘口，放入劍。
將保護下巴部分的鎧甲繫在頭上。

⑥戴上頭盔。

鎧甲

**頭巾一體型鎖子甲
的穿著方法**

④從頭部開始穿上鎖子甲。

護腿

●只覆蓋前面，後面繫住的類型。
●筒型的襪子式護腿。

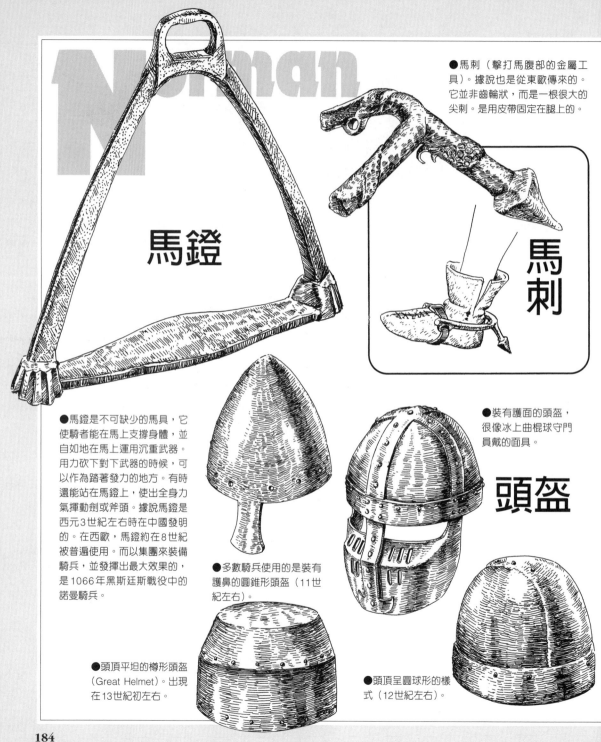

●馬刺（擊打馬腹部的金屬工具）。據說也是從東歐傳來的。它並非齒輪狀，而是一根很大的尖刺。是用皮帶固定在腿上的。

馬鐙

馬刺

●裝有護面的頭盔，很像冰上曲棍球守門員戴的面具。

頭盔

●馬鐙是不可缺少的馬具，它使騎者能在馬上支撐身體，並自如地在馬上運用沉重武器。用力砍下對下武器的時候，可以作為踏著發力的地方。有時還能站在馬鐙上，使出全身力氣揮動劍或斧頭。據說馬鐙是西元3世紀左右時在中國發明的。在西歐，馬鐙約在8世紀被普遍使用。而以集團來裝備騎兵，並發揮出最大效果的，是1066年黑斯廷斯戰役中的諾曼騎兵。

●多數騎兵使用的是裝有護鼻的圓錐形頭盔（11世紀左右）。

●頭頂平坦的樽形頭盔（Great Helmet）。出現在13世紀初左右。

●頭頂呈圓球形的樣式（12世紀左右）。

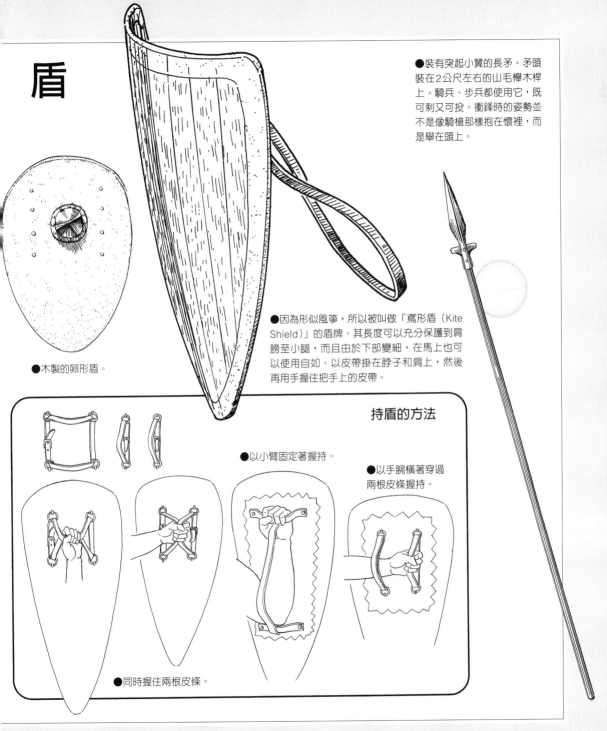

盾

●裝有突起小翼的長矛。矛頭裝在2公尺左右的山毛櫸木桿上。騎兵、步兵都使用它，既可刺又可投。衝鋒時的姿勢並不是像騎槍那樣抱在懷裡，而是舉在頭上。

●木製的卵形盾。

●因為形似風箏，所以被叫做「鳶形盾（Kite Shield）」的盾牌。其長度可以充分保護到肩膀至小腿，而且由於下部變細，在馬上也可以使用自如。以皮帶掛在脖子和肩上，然後再用手握住把手上的皮帶。

持盾的方法

●以小臂固定著握持。

●以手腕橫著穿過兩根皮條握持。

●同時握住兩根皮條。

Tactical weapon

戰術兵器

前面請各位看了步兵、騎兵等個人在戰場上作戰時使用的武器。下面即將開始介紹的，是在戰爭中作爲戰術兵器使用的大型兵器。這些武器由於尺寸過大，無法擺在店裡，都展示在店後面寬敞的院子裡。如果您擔任統率軍隊的將軍、部隊長等職務，是站在千軍萬馬的指揮地位上的人，或者是將來有此打算的人，就請您千萬要看看。不是這樣當然也沒關係。現在我們就去瞧瞧吧。（店主）

軍事工程學
MILITARY ENGINEERING

爲了在戰鬥中處於有利地位，軍隊還要在戰場上設置土木工事和武器。從事這樣工作的人叫工兵，雖然並不參加直接的戰鬥，但他們是軍隊中不可缺少的重要技術工程人員。可別認爲沒有他們也能打仗。而且，在陣地上安營紮寨和製作攻城武器更是重要的工作。在尚未發明大炮的時候，他們掌握著攻城戰的成敗。

當然，這裡也出售那時會用到的各種材料。沒有工兵的時候，我們的技術員也隨時直接承建工事。規劃設計自然是免費服務。（店主）

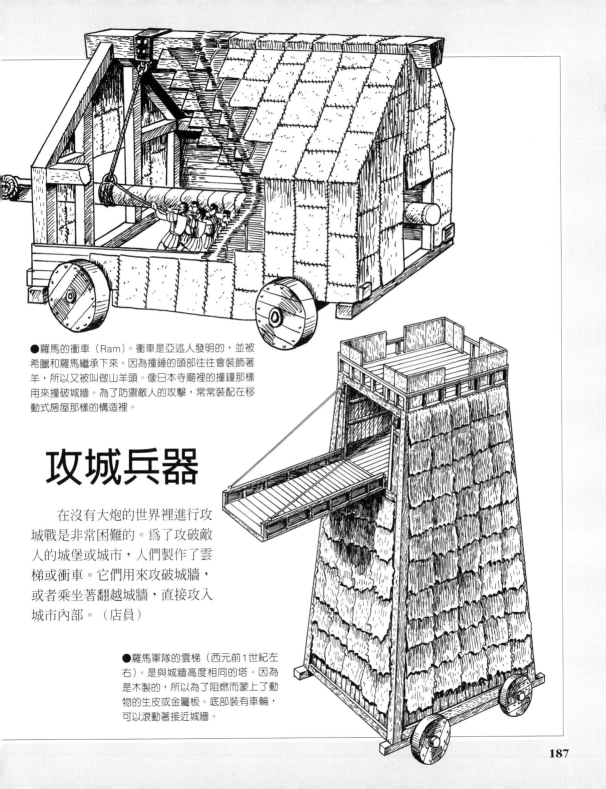

●羅馬的衝車（Ram）。衝車是亞述人發明的，並被希臘和羅馬繼承下來。因為撞錘的頭部往往會裝飾著羊，所以又被叫做山羊頭。像日本寺廟裡的撞鐘那樣用來撞破城牆。為了防禦敵人的攻擊，常常裝配在移動式房屋那樣的構造裡。

攻城兵器

在沒有大炮的世界裡進行攻城戰是非常困難的。為了攻破敵人的城堡或城市，人們製作了雲梯或衝車。它們用來攻破城牆，或者乘坐著翻越城牆，直接攻入城市內部。（店員）

●羅馬軍隊的雲梯（西元前1世紀左右）。是與城牆高度相同的塔。因為是木製的，所以為了阻燃而蒙上了動物的生皮或金屬板。底部裝有車輪，可以滾動著接近城牆。

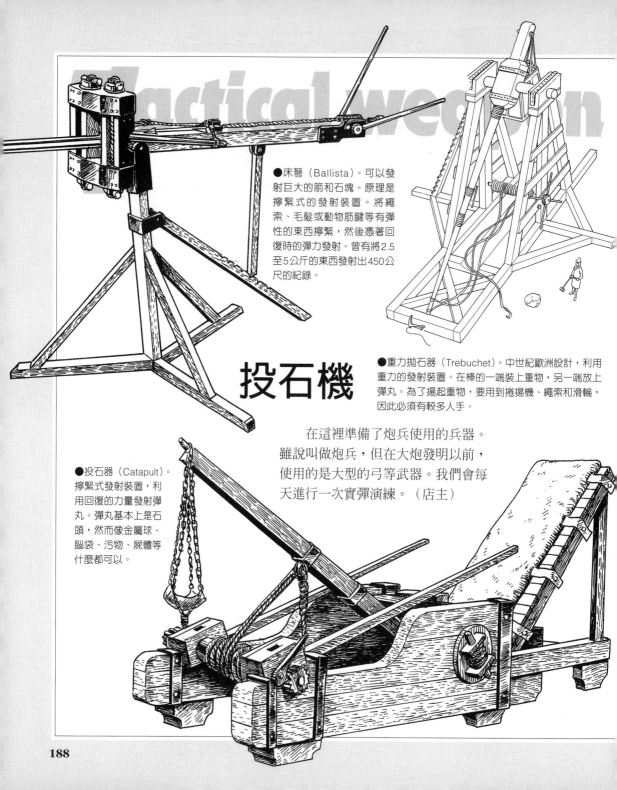

●床弩（Ballista）。可以發射巨大的箭和石塊。原理是撐緊式的發射裝置。將繩索、毛髮或動物筋腱等有彈性的東西撐緊，然後憑著回復時的彈力發射。曾有將2.5至5公斤的東西發射出450公尺的紀錄。

投石機

●重力拋石器（Trebuchet）。中世紀歐洲設計，利用重力的發射裝置。在棒的一端裝上重物，另一端放上彈丸。為了揚起重物，要用到捲揚機、繩索和滑輪，因此必須有較多人手。

在這裡準備了炮兵使用的兵器。雖說叫做炮兵，但在大炮發明以前，使用的是大型的弓等武器。我們會每天進行一次實彈演練。（店主）

●投石器（Catapult）。撐緊式發射裝置，利用回復的力量發射彈丸。彈丸基本上是石頭，然而像金屬球、腦袋、污物、屍體等什麼都可以。

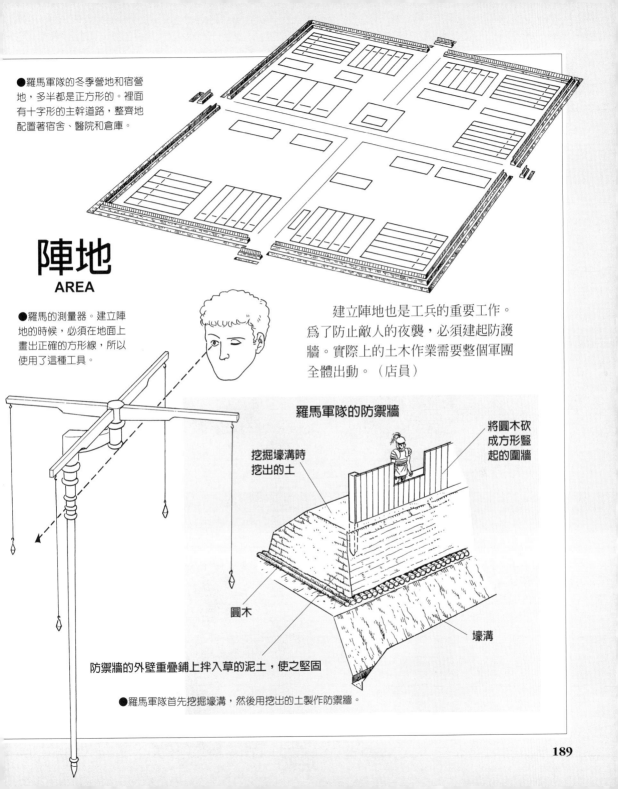

●羅馬軍隊的冬季營地和宿營地，多半都是正方形的。裡面有十字形的主幹道路，整齊地配置著宿舍、醫院和倉庫。

陣地
AREA

●羅馬的測量器。建立陣地的時候，必須在地面上畫出正確的方形線，所以使用了這種工具。

建立陣地也是工兵的重要工作。為了防止敵人的夜襲，必須建起防護牆。實際上的土木作業需要整個軍團全體出動。（店員）

羅馬軍隊的防禦牆

挖掘壕溝時挖出的土

將圓木砍成方形豎起的圍牆

圓木

壕溝

防禦牆的外壁重疊鋪上拌入草的泥土，使之堅固

●羅馬軍隊首先挖掘壕溝，然後用挖出的土製作防禦牆。

Tactical weapon

障礙物

障礙物在陣地的防禦中不可缺少。下面我們就舉個典型的例子說明一下，它是在阿萊西亞戰役（The Battle of Alesia）中，羅馬軍隊用來包圍高盧軍隊而設置的障礙物。阿萊西亞是一個台地型的城鎮，韋辛德托裡克斯（Vercingetorix）率領的高盧軍隊，在那裡被凱撒率領的羅馬軍隊包圍（西元前1世紀左右）。（店員）

●凱撒用兩道圍牆將阿萊西亞團團圍住，並在牆裡擺開陣勢。因此高盧軍隊既不能從裡面逃出，外面的援軍也無法進入阿萊西亞，最終只能投降。

阿萊西亞的障礙物

●特別是在敵人有可能招來援軍的時候，更要設置好幾重的障礙物。

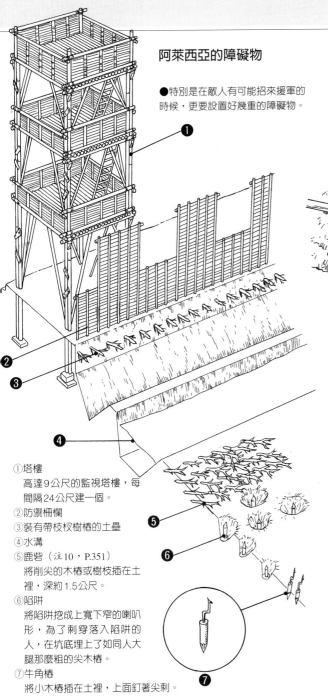

❶
❷
❸
❹
❺
❻
❼

斜坡道

攻城戰的時候，必須先建出斜坡道。只有築出了斜坡道，雲梯和衝車才能成為有效的武器。（店員）

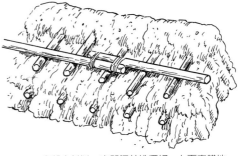

●將木材以一定間隔並排擺好，上面交錯地繫上橫木，再在裡面填入砂土和石塊，這樣逐層不斷加高。

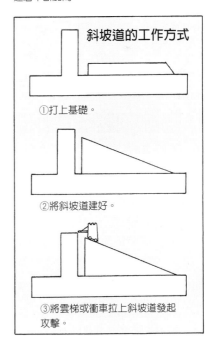

斜坡道的工作方式

①打上基礎。

②將斜坡道建好。

③將雲梯或衝車拉上斜坡道發起攻擊。

①塔樓
　高達9公尺的監視塔樓，每間隔24公尺建一個。
②防禦柵欄
③裝有帶枝杈樹樁的土壘
④水溝
⑤鹿砦（注10，P.351）
　將削尖的木樁或樹枝插在土裡，深約1.5公尺。
⑥陷阱
　將陷阱挖成上寬下窄的喇叭形，為了刺穿落入陷阱的人，在坑底埋上了如同人大腿那麼粗的尖木樁。
⑦牛角樁
　將小木樁插在土裡，上面釘著尖刺。

●埃及的戰車（西元前13世紀左右）。據說約在西元前20世紀便發明了有輻條的車輪。它要比圓盤形的車輪輕很多，而且富有彈性。二輪馬車很輕便，易於加速和急轉彎。

戰車
CHARIOT

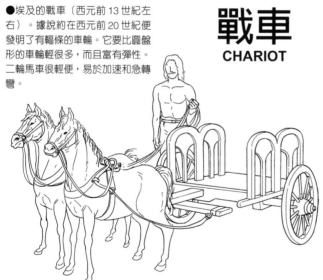

●克爾特人的戰車（西元前1世紀左右）。兩馬拉車，車上載著馭手和其僱主——也就是身份較高的戰士。克爾特人以戰車來顯示自己的勇氣，挫傷敵人的士氣。他們會敲擊戰車車體，發出雷鳴般的響聲。戰士從馭手身後擲出標槍，擾亂敵人的前線。必要的時候會下車作戰。

　　如果您是想要騎兵隊，可又為缺乏善於騎馬的士兵而苦惱的隊長，那麼我將向您推薦下面展示的戰車。戰車是古代重要的代步工具。由於馬匹不僅昂貴，而且往往只有驢、矮種馬等不適合騎乘的馬匹，所以當時的軍隊主要由步兵構成。但由於難以放棄馬所具有的機動能力，戰車便被構思出來了。請想像一下當時的場面，在只有步兵戰鬥的戰場上，衝入了由四足動物拉著的戰車。車上的士兵以標槍或弓箭發起攻擊。儘管速度並不太快，但它橫衝直撞攻擊的樣子，足以對對此感到陌生的人受到巨大威脅。

　　嗯？您說太貴買不起？那您也許可以去當馬的馭手。有了馭手，那些擁有馬匹、地位較高的戰士就能大顯身手了。輔佐他們，也許正是一條出人頭地的途徑呢。（店主）

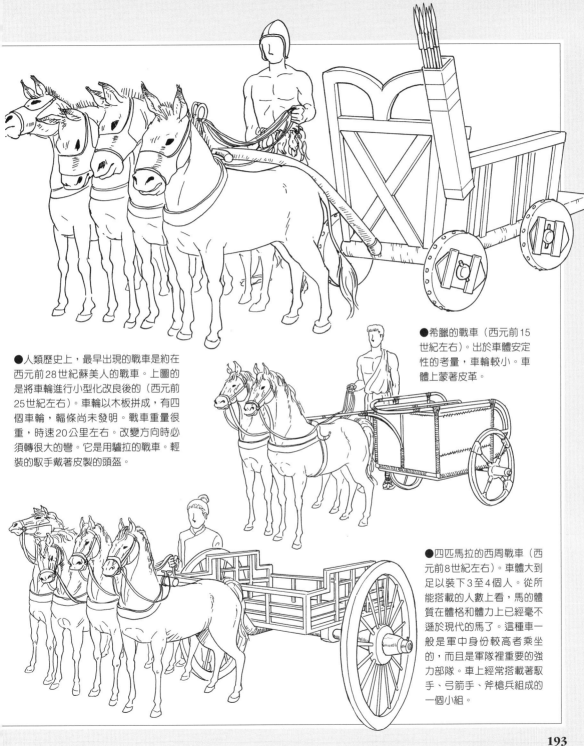

●人類歷史上，最早出現的戰車是約在西元前28世紀蘇美人的戰車。上圖的是將車輪進行小型化改良後的（西元前25世紀左右）。車輪以木板拼成，有四個車輪，輻條尚未發明。戰車重量很重，時速20公里左右。改變方向時必須轉很大的彎。它是用驢拉的戰車。輕裝的馭手戴著皮製的頭盔。

●希臘的戰車（西元前15世紀左右）。出於車體安定性的考量，車輪較小。車體上蒙著皮革。

●四匹馬拉的西周戰車（西元前8世紀左右）。車體大到足以裝下3至4個人。從所能搭載的人數上看，馬的體質在體格和體力上已經毫不遜於現代的馬了。這種車一般是軍中身份較高者乘坐的，而且是軍隊裡重要的強力部隊。車上經常搭載著馭手、弓箭手、斧槍兵組成的一個小組。

FLOOR
3

騎士
KNIGHT

「騎士」，多麼富有魅力的詞語呀。

誕生在歐洲中世紀的騎士階級，他們不僅是戰場上的英雄，

還具備了要求騎士始終保持紳士作風的騎士精神。

中世紀的人們一定都憧憬著騎士的職業和身份。

這一點，從那些以騎士為主角的眾多騎士小說中就可以知道了。

身穿板金鎧，手持寶劍，所向無敵，

而臉上永遠帶著微笑，公正，對女性時刻保持紳士風度。

我想這是我們心目中理想的騎士形象。

即便是偶然間從遠處看到這些騎士時，

他們也同樣會顯得與眾不同、光彩耀人吧。

這個樓層聚集著各種為騎士們準備的裝備。

不光有實戰用的裝備，

模擬戰鬥和儀式上使用的配備當然也一應俱全。

各位騎士們，以及將來會成為騎士的預備騎士們，

還有欺騙城主、混吃混喝的假騎士們，

大家都請來看看吧。（店主）

Arms

實戰用武器

　　下面介紹的武器和防具，都是十字軍東征等實際戰鬥中使用的東西。為什麼非要限定是「實際」的呢？原來是為了和模擬戰鬥中使用的東西加以區別。

　　實戰中，當然要使用具有攻擊力、殺傷力的武器。而且在模擬戰鬥規則還不太嚴格的初期，即大約12世紀，或者在仇人之間的私鬥中，都會用真的劍來戰鬥。

　　這樣的實戰用武器，與模擬戰鬥或儀式上使用的不同。它們裝飾較少，可說是將重點放在了實用性上。（店主）

●全身披掛鎖子甲的騎士。雖然一說到騎士，就會想到身體包在板金鎧裡的樣子。但在騎士們存在的年代裡，核心鎧甲卻是鎖子甲。手裡主要的武器是騎槍（Lance），槍柄掛著旗子，上面繪有代表自己的徽章。

199

對騎士來說，最重要的武器就是騎槍。一般的槍稱為「Spear」，而騎士們使用的槍被專門叫做「Lance」。原本它是刺向對手、使其重傷的必殺武器，但鎖子甲的普及，使刺殺的效果難以提高，後來逐漸演變成用於使對方落馬的工具了。當然，利用馬奔跑的速度，並使出全身力量的一擊，同樣具有刺穿鎧甲的可怕威力。（店主）

騎槍
LANCE

●加洛林王朝時期使用的槍頭。一直流傳到後世。

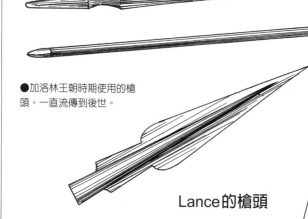

Lance 的槍頭

　　Lance 的目的雖然是刺殺敵人，但如果裝上了用於切割的槍頭，它的殺傷力就會倍增。槍頭如果有寬闊的刀刃，刺殺的時候可以造成致命傷，但貫穿鎧甲就困難了。因為大多數敵人都穿了鎧甲，所以最重要的一點，就是能不能用較細的尖槍頭貫穿敵人的鎧甲。

●最典型的槍頭

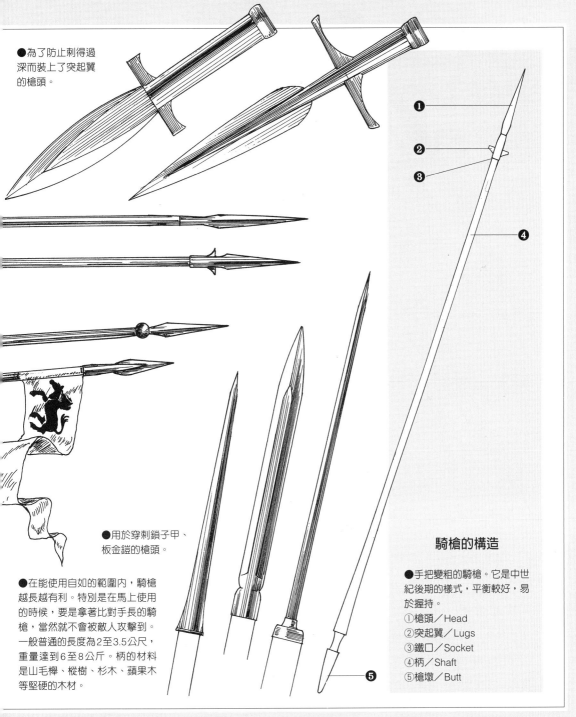

●為了防止刺得過深而裝上了突起翼的槍頭。

●用於穿刺鎖子甲、板金鎧的槍頭。

●在能使用自如的範圍內，騎槍越長越有利。特別是在馬上使用的時候，要是拿著比對手長的騎槍，當然就不會被敵人攻擊到。一般普通的長度為2至3.5公尺，重量達到6至8公斤。柄的材料是山毛櫸、樅樹、杉木、蘋果木等堅硬的木材。

騎槍的構造

●手把變粗的騎槍。它是中世紀後期的樣式，平衡較好，易於握持。
①槍頭／Head
②突起翼／Lugs
③鐵口／Socket
④柄／Shaft
⑤槍墩／Butt

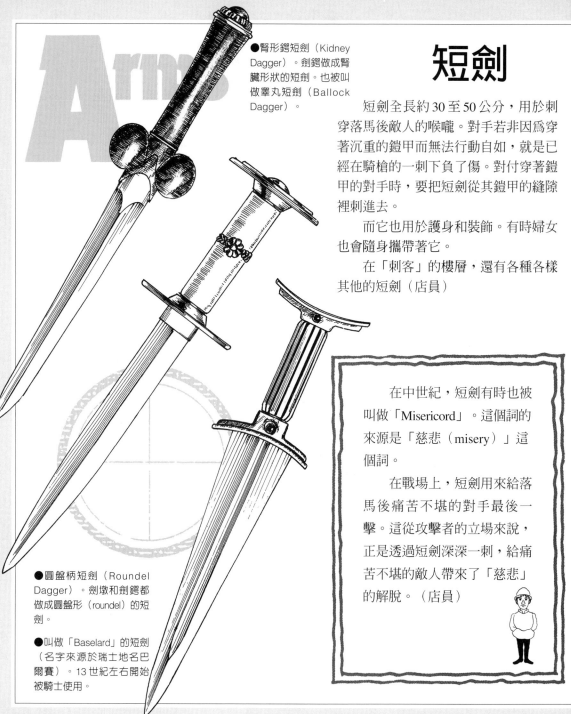

短劍

●腎形鍔短劍（Kidney Dagger）。劍鍔做成腎臟形狀的短劍。也被叫做睪丸短劍（Ballock Dagger）。

短劍全長約 30 至 50 公分，用於刺穿落馬後敵人的喉嚨。對手若非因為穿著沉重的鎧甲而無法行動自如，就是已經在騎槍的一刺下負了傷。對付穿著鎧甲的對手時，要把短劍從其鎧甲的縫隙裡刺進去。

而它也用於護身和裝飾。有時婦女也會隨身攜帶著它。

在「刺客」的樓層，還有各種各樣其他的短劍（店員）

在中世紀，短劍有時也被叫做「Misericord」。這個詞的來源是「慈悲（misery）」這個詞。

在戰場上，短劍用來給落馬後痛苦不堪的對手最後一擊。這從攻擊者的立場來說，正是透過短劍深深一刺，給痛苦不堪的敵人帶來了「慈悲」的解脫。（店員）

●圓盤柄短劍（Roundel Dagger）。劍墩和劍鍔都做成圓盤形（roundel）的短劍。

●叫做「Baselard」的短劍（名字來源於瑞士地名巴爾賽）。13 世紀左右開始被騎士使用。

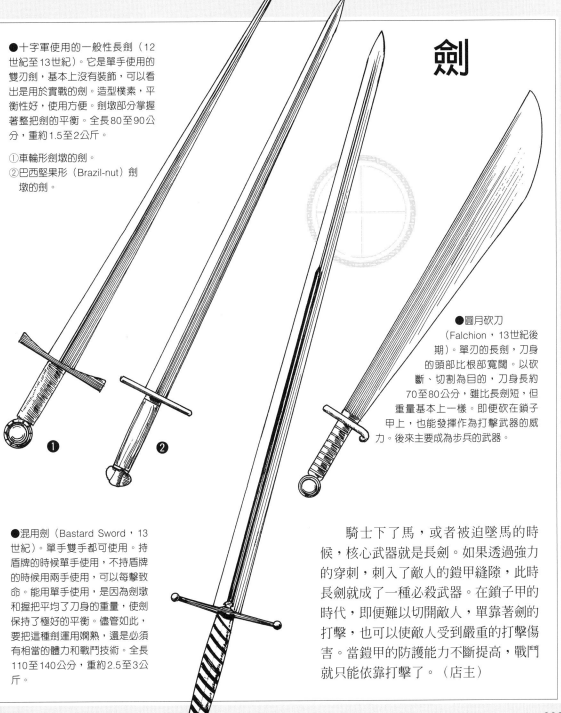

劍

●十字軍使用的一般性長劍（12世紀至13世紀）。它是單手使用的雙刃劍，基本上沒有裝飾，可以看出是用於實戰的劍。造型樸素，平衡性好，使用方便。劍墩部分掌握著整把劍的平衡。全長80至90公分，重約1.5至2公斤。

①車輪形劍墩的劍。
②巴西堅果形（Brazil-nut）劍墩的劍。

●圓月砍刀（Falchion，13世紀後期）。單刃的長劍，刀身的頭部比根部寬闊。以砍斷、切割為目的，刀身長約70至80公分，雖比長劍短，但重量基本上一樣。即便砍在鎖子甲上，也能發揮作為打擊武器的威力。後來主要成為步兵的武器。

●混用劍（Bastard Sword，13世紀）。單手雙手都可使用。持盾牌的時候單手使用，不持盾牌的時候用兩手使用，可以每擊致命。能用單手使用，是因為劍墩和握把平均了刀身的重量，使劍保持了極好的平衡。儘管如此，要把這種劍運用嫻熟，還是必須有相當的體力和戰鬥技術。全長110至140公分，重約2.5至3公斤。

騎士下了馬，或者被迫墜馬的時候，核心武器就是長劍。如果透過強力的穿刺，刺入了敵人的鎧甲縫隙，此時長劍就成了一種必殺武器。在鎖子甲的時代，即便難以切開敵人，單靠著劍的打擊，也可以使敵人受到嚴重的打擊傷害。當鎧甲的防護能力不斷提高，戰鬥就只能依靠打擊了。（店主）

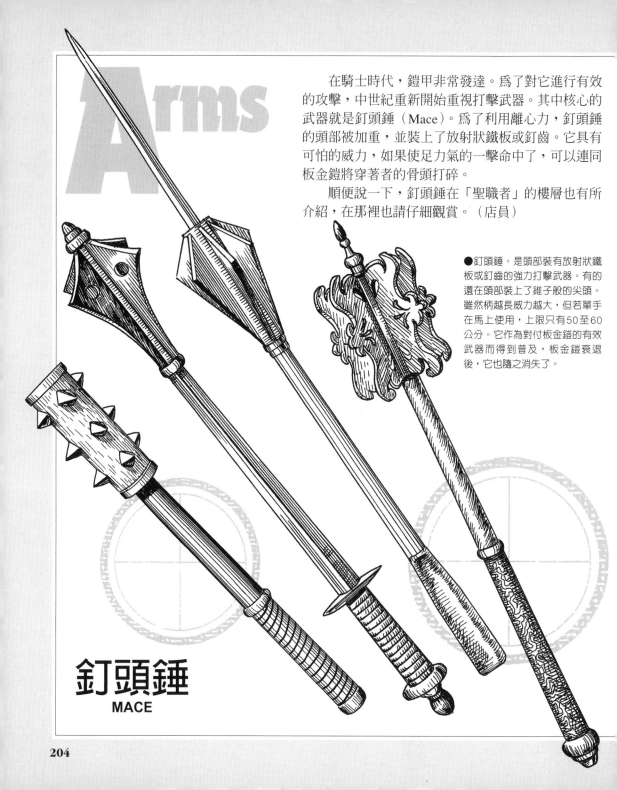

Arms

在騎士時代，鎧甲非常發達。爲了對它進行有效的攻擊，中世紀重新開始重視打擊武器。其中核心的武器就是釘頭錘（Mace）。爲了利用離心力，釘頭錘的頭部被加重，並裝上了放射狀鐵板或釘齒。它具有可怕的威力，如果使足力氣的一擊命中了，可以連同板金鎧將穿著者的骨頭打碎。

順便說一下，釘頭錘在「聖職者」的樓層也有所介紹，在那裡也請仔細觀賞。（店員）

●釘頭錘。是頭部裝有放射狀鐵板或釘齒的強力打擊武器。有的還在頭部裝上了錐子般的尖頭。雖然柄越長威力越大，但若單手在馬上使用，上限只有50至60公分。它作為對付板金鎧的有效武器而得到普及，板金鎧衰退後，它也隨之消失了。

釘頭錘
MACE

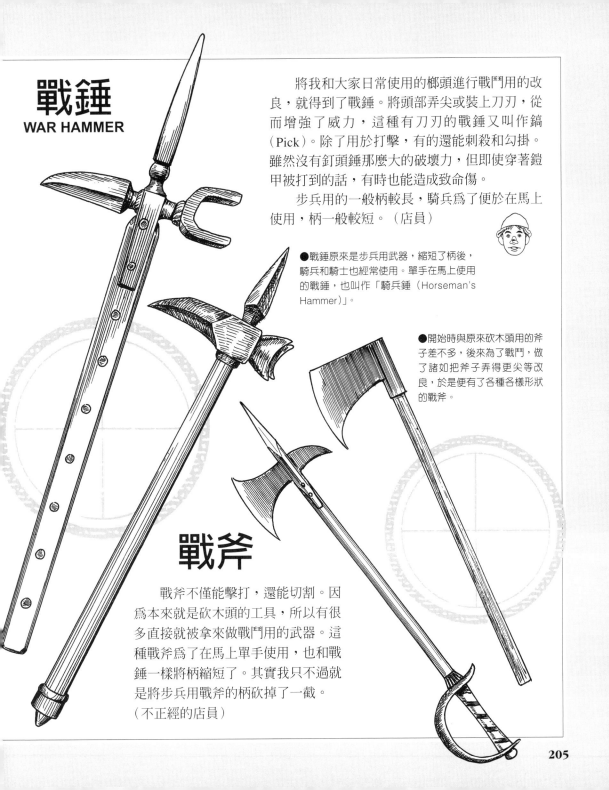

戰錘
WAR HAMMER

將我和大家日常使用的槌頭進行戰鬥用的改良，就得到了戰錘。將頭部弄尖或裝上刀刃，從而增強了威力，這種有刀刃的戰錘又叫作鎬（Pick）。除了用於打擊，有的還能刺殺和勾掛。雖然沒有釘頭錘那麼大的破壞力，但即使穿著鎧甲被打到的話，有時也能造成致命傷。

步兵用的一般柄較長，騎兵為了便於在馬上使用，柄一般較短。（店員）

●戰錘原來是步兵用武器，縮短了柄後，騎兵和騎士也經常使用。單手在馬上使用的戰錘，也叫作「騎兵錘（Horseman's Hammer）」。

●開始時與原來砍木頭用的斧子差不多，後來為了戰鬥，做了諸如把斧子弄得更尖等改良，於是便有了各種各樣形狀的戰斧。

戰斧

戰斧不僅能擊打，還能切割。因為本來就是砍木頭的工具，所以有很多直接就被拿來做戰鬥用的武器。這種戰斧為了在馬上單手使用，也和戰錘一樣將柄縮短了。其實我只不過就是將步兵用戰斧的柄砍掉了一截。
（不正經的店員）

205

鎖子甲

　　有人討厭徒具形式的禮儀和風度，有人則爲了誇耀自己的誠實剛毅、勇猛頑強，如果您是這樣的騎士，鎖子甲就是我們向您推薦的鎧甲。

　　鎖子甲在歐洲叫做「歐式鱗甲（Hauberk）」，始於10世紀，大約在進入14世紀後開始普及。它的特點已經在其他的樓層和角落介紹過了，在此不再重複。

　　鎖子甲最終爲板金鎧所代替。在此同時，騎士擔任戰士的工作正在減少，不是成爲單純的部隊指揮官，就是成爲一般的士兵。爲了名譽而進行的一對一的單打獨鬥，已經顯得愚蠢可笑；而宮廷禮儀、待人接物，還有陰謀詭計，它們對於騎士提高地位顯得越發重要了。

　　如果您並非迷戀騎士的華麗外表，而是被他們身爲戰士的勇敢所吸引，就請來這裡看看。（店主）

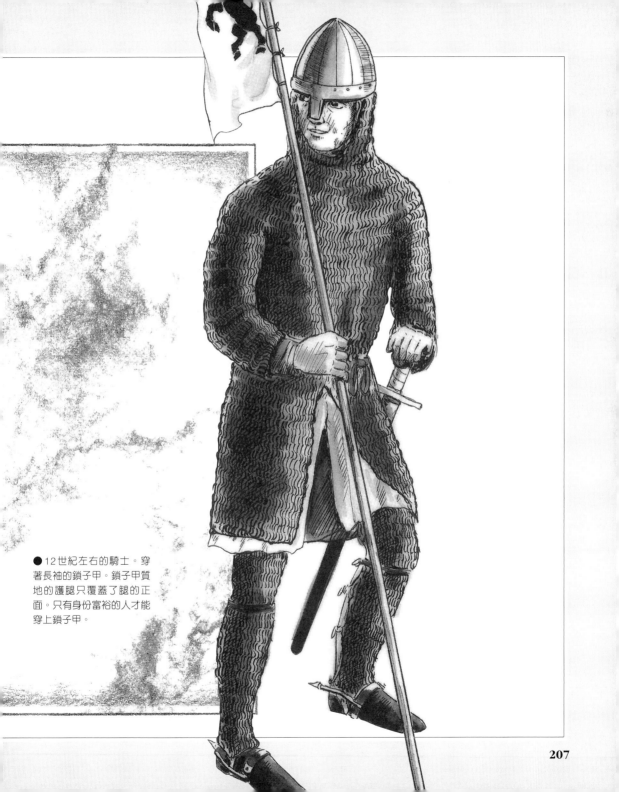

●12世紀左右的騎士。穿著長袖的鎖子甲。鎖子甲質地的護腿只覆蓋了腿的正面。只有身份富裕的人才能穿上鎖子甲。

Chain-mail

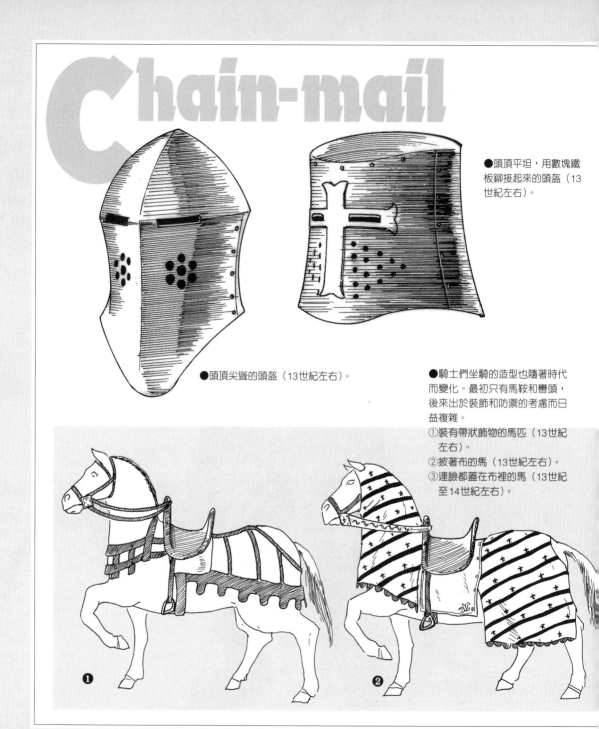

●頭頂平坦，用數塊鐵板鉚接起來的頭盔（13世紀左右）。

●頭頂尖聳的頭盔（13世紀左右）。

●騎士們坐騎的造型也隨著時代而變化。最初只有馬鞍和彎頭，後來出於裝飾和防禦的考慮而日益複雜。
①裝有帶狀飾物的馬匹（13世紀左右）。
②披著布的馬（13世紀左右）。
③連臉都蓋在布裡的馬（13世紀至14世紀左右）。

❶

❷

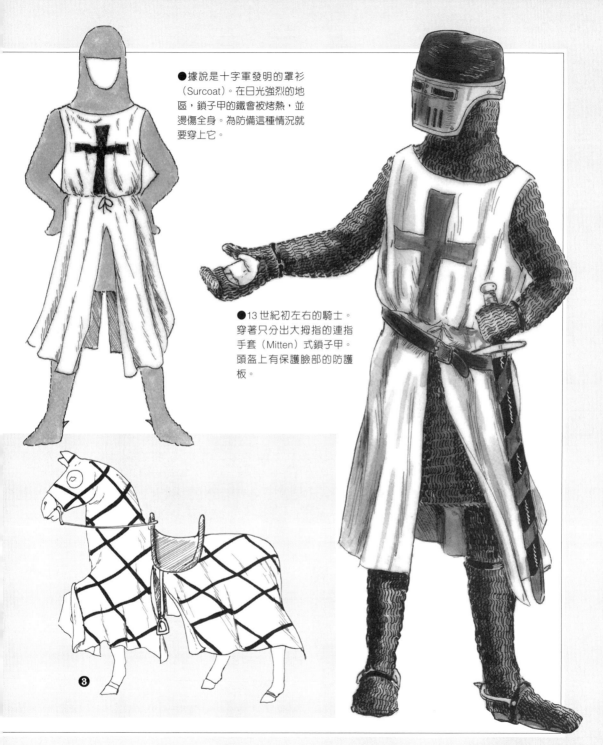

●據說是十字軍發明的罩衫（Surcoat）。在日光強烈的地區，鎖子甲的鐵會被烤熱，並燙傷全身。為防備這種情況就要穿上它。

●13世紀初左右的騎士。穿著只分出大拇指的連指手套（Mitten）式鎖子甲。頭盔上有保護臉部的防護板。

❸

Chainmail

●13世紀中期的騎士。戴著
桶形頭盔（Basket Helmet），
膝蓋上裝著金屬板。穿鎖子甲
的時候，最好穿上填有棉花，
並縫成格狀的襯衣。如果沒有
它吸收衝擊力，就會被打得遍
體鱗傷。

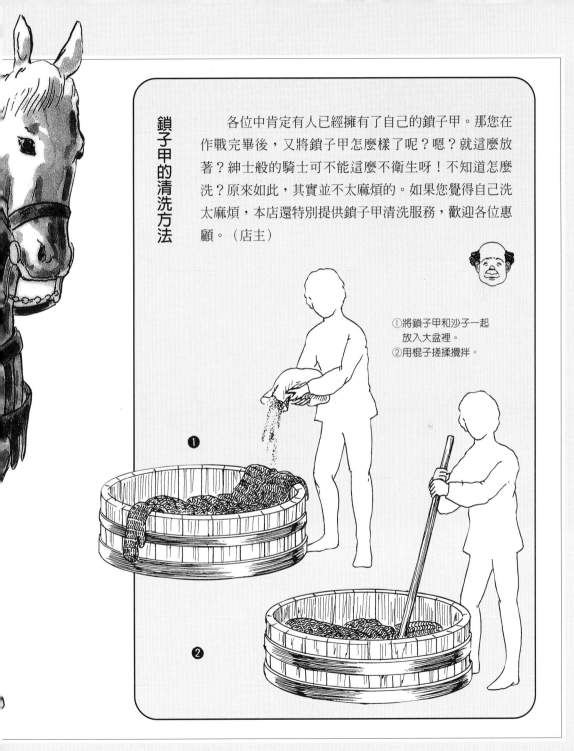

鎖子甲的清洗方法

　　各位中肯定有人已經擁有了自己的鎖子甲。那您在作戰完畢後，又將鎖子甲怎麼樣了呢？嗯？就這麼放著？紳士般的騎士可不能這麼不衛生呀！不知道怎麼洗？原來如此，其實並不太麻煩的。如果您覺得自己洗太麻煩，本店還特別提供鎖子甲清洗服務，歡迎各位惠顧。（店主）

①將鎖子甲和沙子一起
　放入大盆裡。
②用棍子搓揉攪拌。

❶

❷

「十字軍」，這個詞大家一定不陌生。十字軍是在11世紀末，爲響應羅馬教皇「將聖地耶路撒冷從伊斯蘭教徒手中奪回來」的號召，而開始的軍事遠征。信仰虔誠的騎士出於宗教狂熱，渴望發財的騎士爲了獲得財富，都支持了這一建議，向著耶路撒冷出發了。他們在聖地開展的，是駭人聽聞的殺戮、暴行和掠奪行徑。但在各位客人中，肯定也有人抱著理想主義的信念，認爲如果自己去了，絕不會幹那種事。爲了這些希望參加的客人，我們準備了具有十字軍外觀的裝備。話雖然這麼說，其實也沒有什麼特別。只要加上十字標記就可以了。（店主）

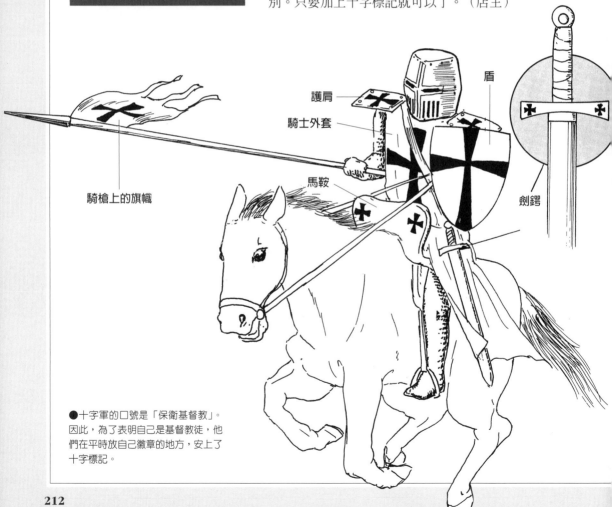

盾

護肩

騎士外套

馬鞍

劍鍔

騎槍上的旗幟

●十字軍的口號是「保衛基督教」。因此，爲了表明自己是基督教徒，他們在平時放自己徽章的地方，安上了十字標記。

212

十字軍派遣的年份

●在近200年間，十字軍共派遣了七次。

第一次
1096～1099
第二次
1147～1149
第三次
1189～1192
第四次
1202～1204
第五次
1217～1221
第六次
1228～1229
第七次
1248～1254
1270

●英國的獅心王理查參加了第三次十字軍東征（12世紀末）。屢上戰場的他，因身為勇猛果敢的騎士而威名遠揚。另一方面，他也被認為不顧內政、黷武好戰。他的盾紋上有兩頭獅子，在十字軍遠征中，變成了三頭。

Plate-mail armo

板金鎖子甲

　　在鎖子甲向板金鎧過渡的時期，出現了在鎧甲的一部分上保留鎖子甲的鎧甲。

　　它叫做板金鎖子甲（Plate-mail Armor），本體是鎖子甲，但在胸、手腕等既重要，又容易受到攻擊的部分使用了裝甲板。它出現在14世紀，很快便被板金鎧所取代，但也正因此而變成了稀少、昂貴的鎧甲。（店主）

●穿著板金外掛（Plate Coat）的騎士（14世紀左右）。板金外掛，就是在兩塊皮革之間夾上金屬板的大衣狀鎧甲。穿在鎖子甲上，以進一步對肩、軀幹、腰部

215

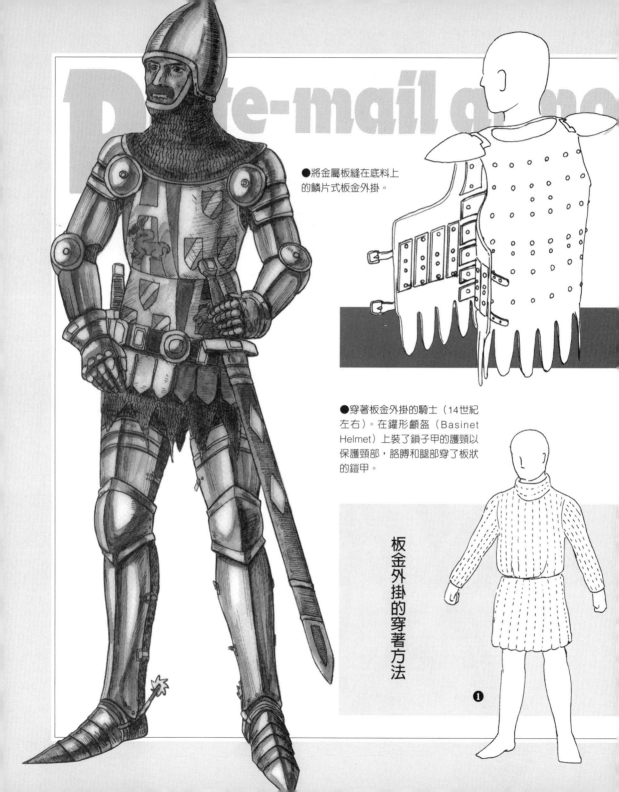

Plate-mail armo

●將金屬板縫在底料上的鱗片式板金外掛。

●穿著板金外掛的騎士（14世紀左右）。在鐘形顱盔（Basinet Helmet）上裝了鎖子甲的護頸以保護頸部，胳膊和腿部穿了板狀的鎧甲。

板金外掛的穿著方法

❶

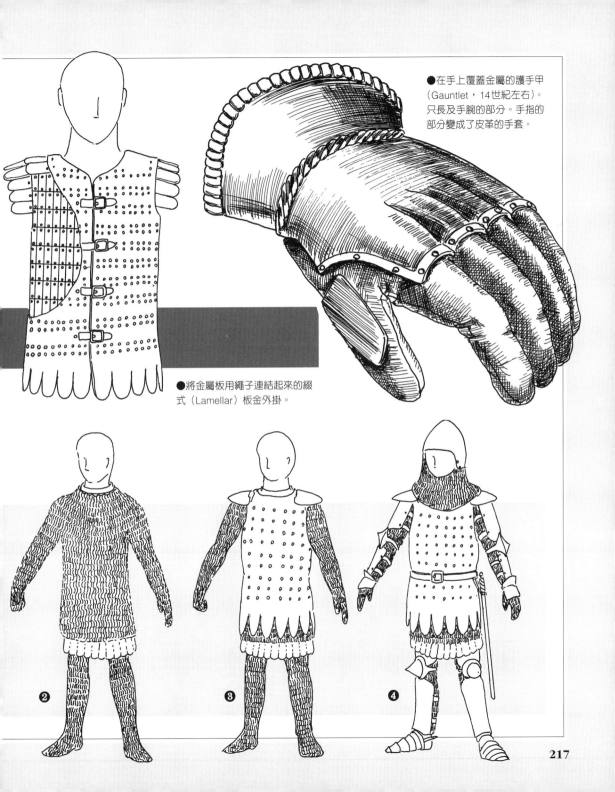

●在手上覆蓋金屬的護手甲
（Gauntlet，14世紀左右）。
只長及手腕的部分。手指的
部分變成了皮革的手套。

●將金屬板用繩子連結起來的綴
式（Lamellar）板金外掛。

❷　　　　　　❸　　　　　　❹

217

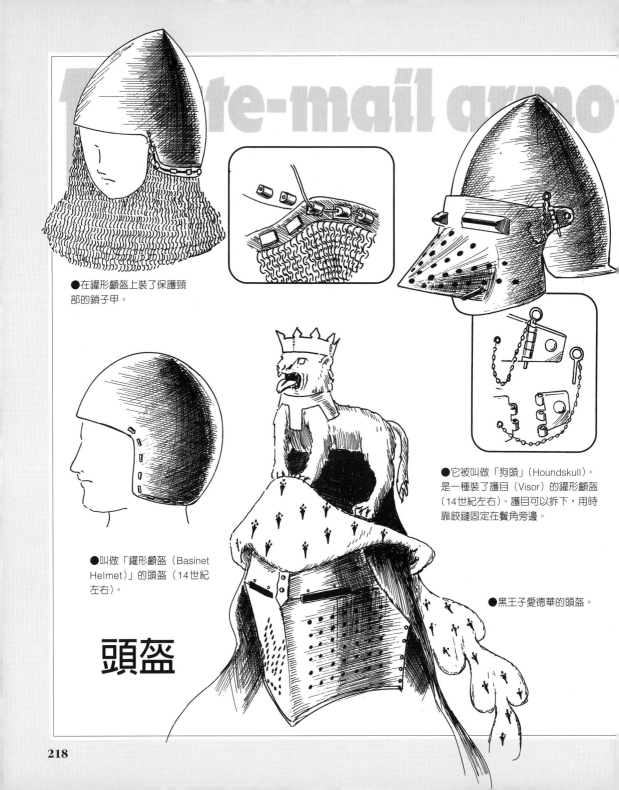

 late-mail armo

●在鑼形顱盔上裝了保護頸
部的鎖子甲。

●叫做「鑼形顱盔（Basinet
Helmet）」的頭盔（14世紀
左右）。

●它被叫做「狗頭」（Houndskull）。
是一種裝了護目（Visor）的鑼形顱盔
（14世紀左右）。護目可以拆下，用時
靠鉸鏈固定在鬢角旁邊。

●黑王子愛德華的頭盔。

頭盔

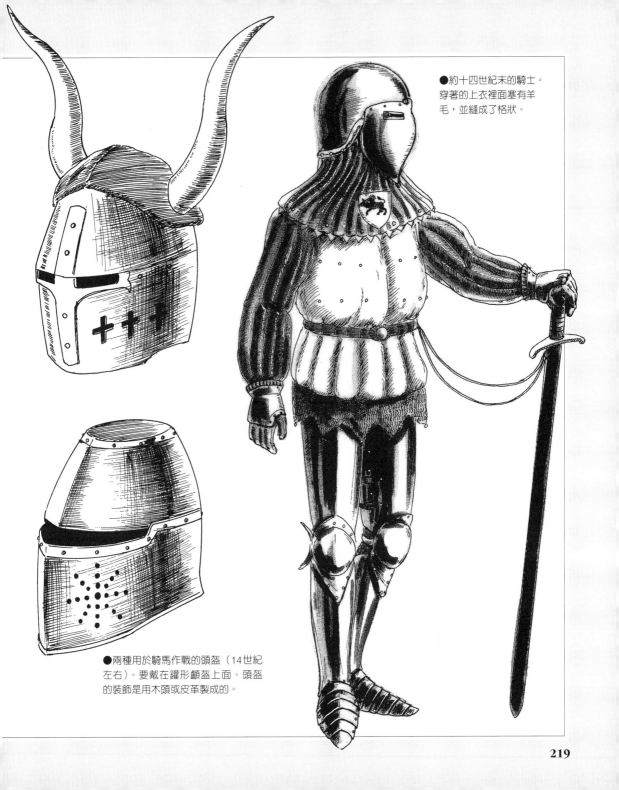

●約十四世紀末的騎士。
穿著的上衣裡面塞有羊
毛，並縫成了格狀。

●兩種用於騎馬作戰的頭盔（14世紀
左右）。要戴在鐘形顱盔上面。頭盔
的裝飾是用木頭或皮革製成的。

Plate mail armo

●穿著板金鎖子甲的騎士
（14世紀末）。要害部位用
板金鎧保護著。

在這間小禮拜堂的一角，有本店官方的「騎士授封室」。此一特別服務，乃本店可向志願作騎士的客人授予騎士爵位。授予者是本城的城主，即本店的店主，也就是在下了。騎士可不是誰都能當的，他們還必須有一定的武藝和教養。但在本店，只要您付費，誰都可以被授封爲騎士。雖然這樣一出去便會被說成假騎士，但其中也有聲名赫赫、身爲「遊俠騎士」而廣受歡迎的人。下面，我們將向有此願望的客人逐步介紹授封騎士的程序，還將即席講授騎士精神。大體依照的是其在12世紀的樣子。（店主）

●為了成為騎士，必須跟在合適的騎士身邊見習。當一定程度的見習結束後，就可以成為預備騎士，被授予銀馬刺。
①獲得武器
②學習武藝
③照顧主人的日常生活

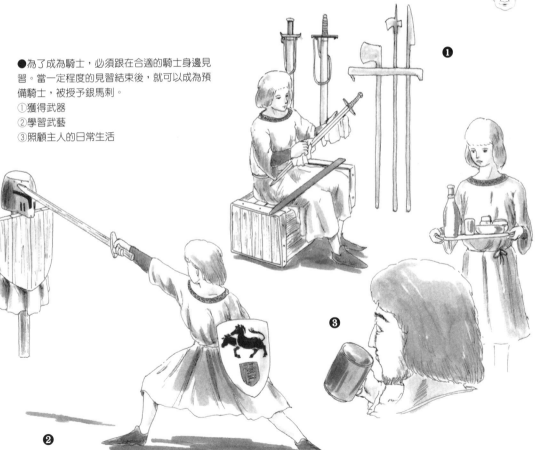

騎士授封室

●見習期結束後，經過了騎士授封儀式，才能成為騎士。騎士見習者（預備騎士）在授封儀式的前夜，通宵在禮拜堂中祈禱，然後就可以參加儀式了。

騎士精神

　　光是騎著馬、拿著騎槍與敵人戰鬥，並不算是騎士。在他們身上，還必須有與「名譽、寬容、效忠」並存亡的騎士精神。但實際上，並非所有騎士身上都有騎士精神。（店主）

- ・對領主的忠誠和英勇
- ・為神的效勞
- ・對正義的忠誠
- ・謙讓
- ・保護弱者
- ・為女子不惜獻身地效勞

222

騎士授封儀式的程序

1. 預備騎士前進到領主面前。

2. 領主接過神父遞來的寶劍，穿上皮帶，繫在預備騎士的身上。隨侍者用金馬刺換下銀馬刺。

3. 隨侍者為其穿戴頭盔、鎧甲，戴上裝有掛帶的盾牌。

4. 宣誓遵守騎士道德。

5. 領主敲擊預備騎士的脖子或肩膀。這稱為「叩頸儀式」。授封儀式到此結束，而後將是歡樂的宴會。

❷

❺

Plate armor

板金鎧

　　提到騎士的鎧甲，多數客人都會想到板金鎧。全身披掛金屬鎧甲的全身板金鎧（Full Plate）造型顯得尤其神勇；而手持騎槍、策馬奔馳的樣子更簡直是絕頂強悍。打磨後的鎧甲閃閃發光，非常美觀。可以說，板金鎧是與光彩照人的騎士精神完美結合的鎧甲。

　　板金鎧重視防禦，是全身都覆蓋了金屬塊的鎧甲。因此，它重達40至60公斤，身體甚至難以活動自如。但是隨著火槍等火器的出現，即使特意穿上重甲，也不再會有以往那樣的特別防禦效果了。此後，鎧甲逐漸變成了胸甲、手甲程度的輕裝備，純軍事意義上的騎士，變得毫無價值。

　　儘管如此，既然當了騎士，板金鎧還是要穿上試一試的吧。這裡集中了騎士們身上所穿的全身板金鎧。（店主）

●右胸上裝有支撐
騎槍用的鉤子。

●實戰用的板金鎧（15世紀後半
期）。可以防禦槍或劍的攻擊，
但有時會被強力的弩射穿。裝有
一直保護到下顎的護頸，頭上戴
著長尾盔。

●約在15世紀時，為了防止馬
匹受傷，還製作了覆蓋在馬身上
的鎧甲。這個時期，由於農業技
術和飼養技術的進步，已可以培
育出高大強壯的馬匹了。

Plate armor

●頭戴鐘形護面盔
（Bicoquet），身穿義大
利的板金鎧（15世紀後
半期）。保護腿的裙甲透
過皮帶扣繫在身上。

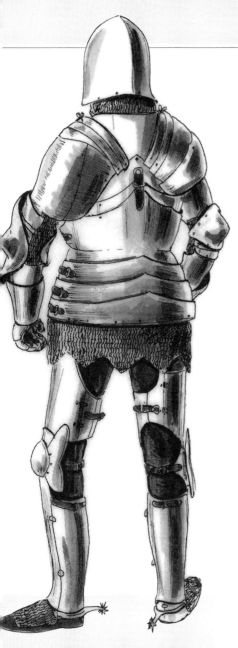

●戴著歐式全罩單盔（Barbute）的騎士（15世紀左右）。在騎馬用的鎧甲上，為了方便騎馬，臀部並沒有裝甲板。

①戴著金屬護面的馬（13世紀至14世紀左右）。
②披著鎖子甲的馬（14世紀至15世紀左右）。
③覆蓋著裝甲板的馬（15世紀至16世紀左右）。

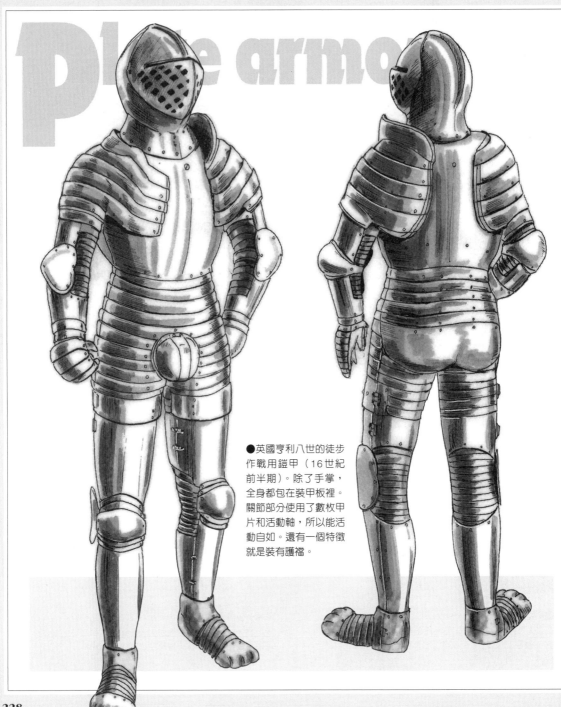

●英國亨利八世的徒步
作戰用鎧甲（16世紀
前半期）。除了手掌，
全身都包在裝甲板裡。
關節部分使用了數枚甲
片和活動軸，所以能活
動自如。還有一個特徵
就是裝有護襠。

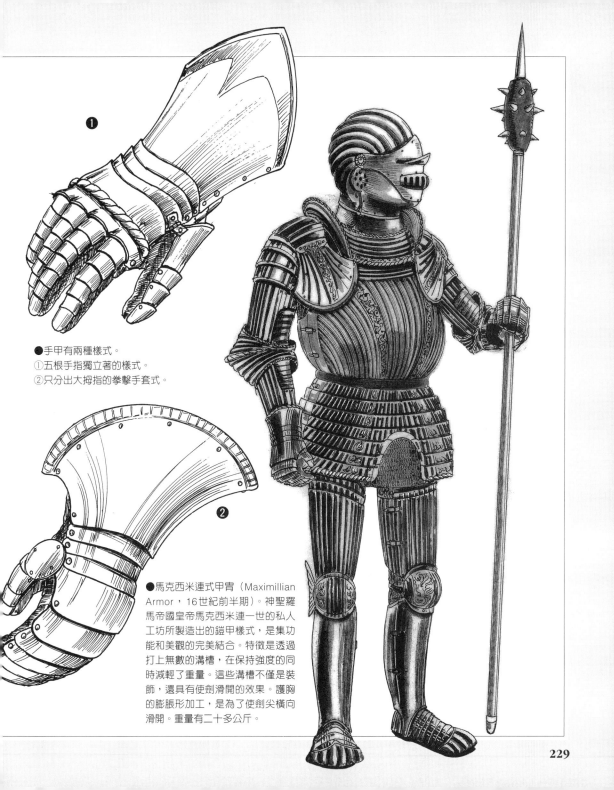

❶

●手甲有兩種樣式。
①五根手指獨立著的樣式。
②只分出大拇指的拳擊手套式。

❷

●馬克西米連式甲冑（Maximillian
Armor，16世紀前半期）。神聖羅
馬帝國皇帝馬克西米連一世的私人
工坊所製造出的鎧甲樣式，是集功
能和美觀的完美結合。特徵是透過
打上無數的溝槽，在保持強度的同
時減輕了重量。這些溝槽不僅是裝
飾，還具有使劍滑開的效果。護胸
的膨脹形加工，是為了使劍尖橫向
滑開。重量有二十多公斤。

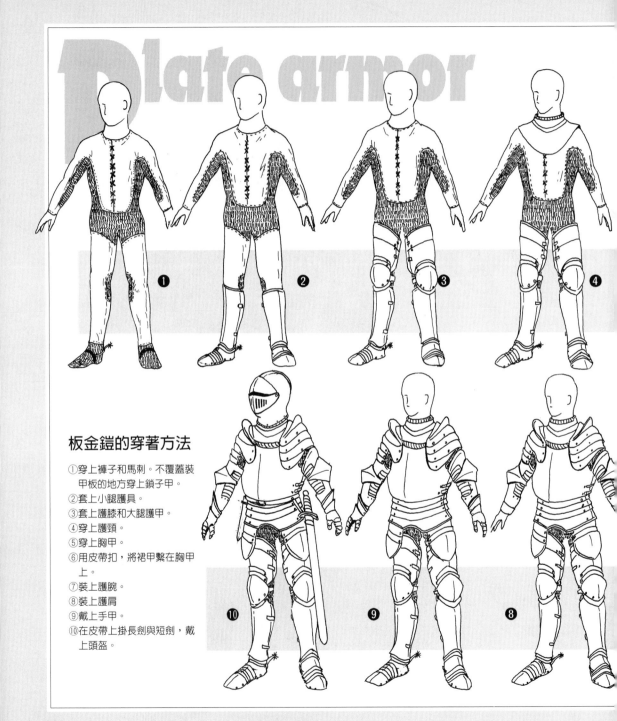

Plate armor

板金鎧的穿著方法

①穿上褲子和馬刺。不覆蓋裝甲板的地方穿上鎖子甲。
②套上小腿護具。
③套上護膝和大腿護甲。
④穿上護頸。
⑤穿上胸甲。
⑥用皮帶扣，將裙甲繫在胸甲上。
⑦裝上護腕。
⑧裝上護肩
⑨戴上手甲。
⑩在皮帶上掛長劍與短劍，戴上頭盔。

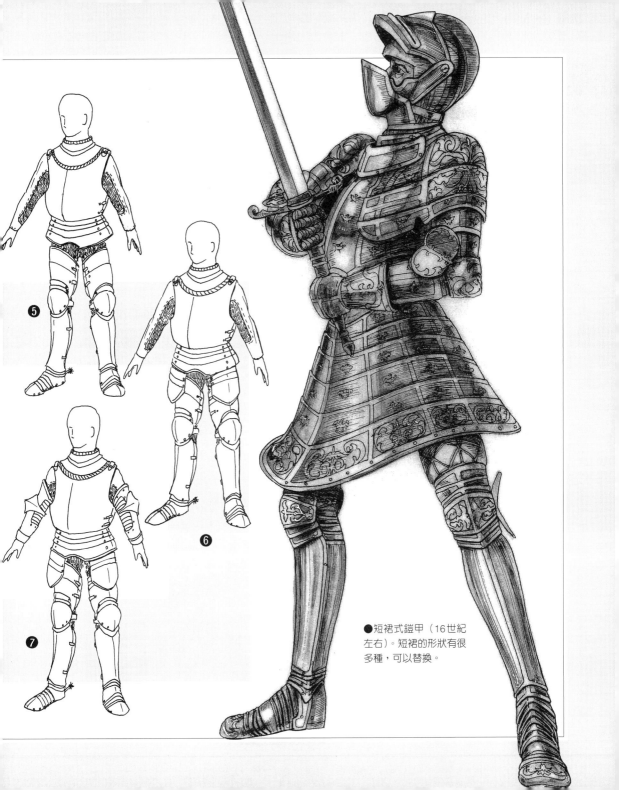

⑤

⑥

⑦

●短裙式鎧甲（16世紀
左右）。短裙的形狀有很
多種，可以替換。

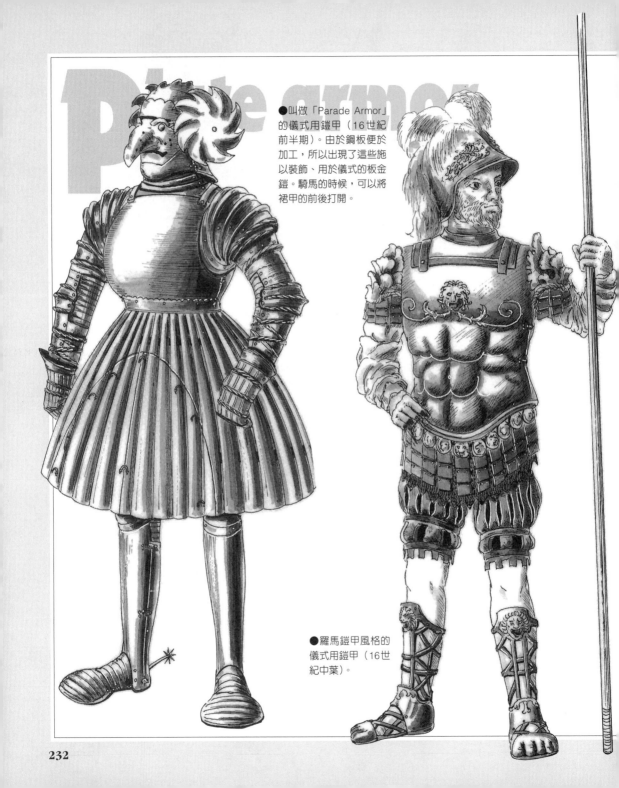

Plate armor

●叫做「Parade Armor」
的儀式用鎧甲（16世紀
前半期）。由於鋼板便於
加工，所以出現了這些施
以裝飾、用於儀式的板金
鎧。騎馬的時候，可以將
裙甲的前後打開。

●羅馬鎧甲風格的
儀式用鎧甲（16世
紀中葉）。

頭盔

●很多儀式用鎧甲（Parade
Armor）的頭盔雕刻成了人
面、鳥面等可怕的樣子。
①裝了山羊角的頭盔。
②做成龍頭式的頭盔。
③做成鳥形的頭盔。

Heraldry

徽章

　　如果非要舉出一件對於中世紀騎士不可或缺的東西，那會是什麼呢？騎槍？銀色發光的甲冑？從貴婦人處得到的頭巾？馬匹？看來哪一樣都少不得呀。但如果讓我舉出一件，我會說是徽章。徽章非常重要。它是騎士的身份證明，還表明騎士們具有顯赫的家世。

　　咱們私下裡說，本店還可以爲諸位假騎士重新設計看上去富麗堂皇的徽章。假騎士……不，失禮失禮，對此感興趣的客人們，請聽本店直屬徽章官的說明吧。（店主）

DIEU ET MONDROIT

●大徽章。多以盾牌為中心，兩側各畫一頭動物。盾牌上面畫著頭盔和王冠。王冠因封號爵位不同而形狀各異。底座上書寫的話一般是家訓或信條。

234

徽章的意義

據說徽章起源於11世紀初的德國。原先是爲了在戰場上辨別身份而使用的。在激烈的混戰中，很難分辨清楚穿著相似鎧甲的騎士。立了戰功，他人無從知道；就算想立戰功，在充滿人馬的茫茫大海之中，也無法認出並找到有名的騎士作爲對手。

因此騎士們在上戰場前，將各自獨有的圖形畫在裝備上。尤其盾牌就好像手邊的畫板，所以自然被選中，畫上了華麗耀眼的圖案。這種畫在盾牌上的徽章就叫盾紋。另外，在徽章中還有一種並不畫在裝備上的，叫做大徽章，裝飾非常精致。它們主要被編織在掛毯上，或者雕刻在牆面上。

盾紋是爲辨別騎士身份而產生的，因此徽章圖案必須滿足一個條件：圖案必須是這個騎士固有的。也就是說，對徽章的絕對要求是：「一個國家與另一塊領地，絕不能有相同的徽章。」（本店直屬徽章官）

●日本的家紋具有與歐洲的徽章相同的意義。但日本的家紋是用來表明家族（家系）的圖案，並非用於個人的標識。但是，像盾紋一樣、在戰場上作爲個人標識的東西也並不是沒有。爲了表明武將所在的地點，使用了立在身邊的馬印（戰旗），以及插在武士背後的指物（小旗）。在此，我們舉出指物上最爲奇怪的圖案之一：綁縛之圖。它用來表示在長篠城被武田軍綁縛的鳥居強右衛門。

●在1066年征服英格蘭的諾曼公爵威廉，正處在黑斯廷斯戰役的高潮。他聽說由於傳開了自己已經戰死的謠言，士兵們開始潰逃。於是他揚起頭盔露出臉，高叫自己還活著。如果當時他拿著有徽章的盾牌，或者穿著有徽章的騎士外套，恐怕就不會有這樣的行爲了。

Heraldry

顏色與形狀

由於騎士戴著視野極差的頭盔，還騎著馬，所以為了能看清楚，盾紋必須易於分辨。於是，在顏色和圖形上就有了種種規定。（本店直屬徽章官）

盾紋的顏色

●盾紋使用的色彩有三個系列：金屬色（metal）、原色（color）和毛皮色（fur）。毛皮色就是將獨特的顏色和形狀組合起來，看成一種顏色。

金屬色

金 可以用黃色代替

銀 可以用白色代替

注意：這裡的顏色都是用黑白單色表現出來的，因此使用了徽章學上的獨特方式，亦即使用圖紋來象徵。

原色

Gules 赤

Azure 青

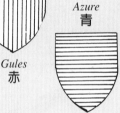

Sable 黑

Vert 綠

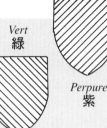

Perpure 紫

Tenné 橙

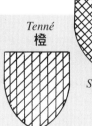

Sanguine 深紅

毛皮色

白貂皮 點紋

白底黑點的毛皮紋

熊 松鼠紋

白底青色松鼠花紋

較濃

較淡

熊皮
熊皮的變型

顏色的使用方法

●在顏色的使用方法上也有規定。首先，不能將原色混合起來做成其他顏色。而且底色和圖形色不能同時為金屬色或同時為原色。不能為了顯得豪華而使用金色的底色、銀色的圖形。

○
底色為原色，圖形是金屬色

○
底色為金屬色，圖形是原色

×
底色、圖形都為金屬色

圖形的紋樣

●圖形必須是能清楚辨認的典型
樣式。圖形的紋樣與組合可以分
為三種。

●分割圖形。盾的底色被兩種顏色分割。

●具象圖形。有真實的動物、幻想中的動物、
植物、星星、城堡、武器、工具等等。
①英國的查理一世（獅心王）
②法國王室（百合花紋）
③④⑤具象圖形組合的例子

●幾何圖形。十字形、條紋等等。

❶　　❷　　❸　　❹　　❺

分割線的種類

●用在分割圖形或者幾何圖形上的
線，有很多種類。

波浪形	小鋸齒形	大鋸齒形

浪花形	倒浪花形	城垛形	斜城垛形	鴿子尾形	S字形

237

Heraldry

表明家世的盾紋

徽章雖然是用來標識個人的，但另一方面，它還有類似家譜那樣表明家世的作用。在英國，當有繼承權的男女結婚、兩個家族交叉繼承，或者被表彰授予時，兩個以上的徽章會被組合起來做成一個徽章。（本店直屬徽章官）

●在表示兩個家族交叉繼承的盾紋中，有名的當屬百年戰爭時期，愛德華三世使用的盾紋。因為母親是法國國王的女兒，所以他主張自己具有法國王位繼承權，從而開始了遠征。因為這種主張，他的盾紋也是用多塊分割的方式（quartering）結合起來的。順道一提，在英格蘭被承認的女子繼承權，在法國是不被承認的。

盾紋的結合方式

●分成兩半、左右擺放的方式。
①將左右兩個盾紋各取一半，再拼成一個。
②將左右兩個盾紋分別變形，擠在一起。

地位高者的徽章	地位低者的徽章	❶	❷

●多塊分割的方式。從A往後，家族地位逐級降低。

A	B	C	D	E	F

兩家的情況	3家的情況	4家的情況	5家的情況	6家的情況

●這種方式是將規定表明第幾子的圖形，放置在父親盾紋上的某個地方。

欄杆形

長子或者有繼承權者

殘月 次子

星 三子

燕子 四子

環形 五子

百合 六子

徽章的登錄

　　怎麼樣呀？對了，這些徽章只有獲得了圖案，才能被叫做徽章。此外還必須到皇家徽章院去登錄，並被頒發徽章許可證才行。在那裡，徽章官會進行嚴密的審查。之所以會有這樣的制度，原來是因為下面的淵源。（店主）

　　當初，到處都是隨便掛出的徽章，而隨著國家的擴大，騎士也增加到數以千計。於是便通過許可證制度，由國家來管理。既為了防止因為使用相同或類似徽章而造成混亂，也可以作為騎士階級的身份證明。在14世紀，在英國建立了皇家徽章院，出現了叫做徽章官的職務。不論是己方還是敵方的徽章，徽章官都要精通。他們的工作不僅是審查和記錄徽章，還要走上戰場，去確認徽章，有時還兼任使者或勝敗的判定者。他們的人數限制在13人，每個人都必須兼備人格與能力。所以我想私下對您說，本店直屬的這位徽章官其實是個靠不住的人呢。（店員）

　　嗯！（咳嗽）最後對大家說點題外話。本店透過特殊的途徑，可以不問身份登錄徽章。不過嘛，這樣就需要您多破費點了。（店主）

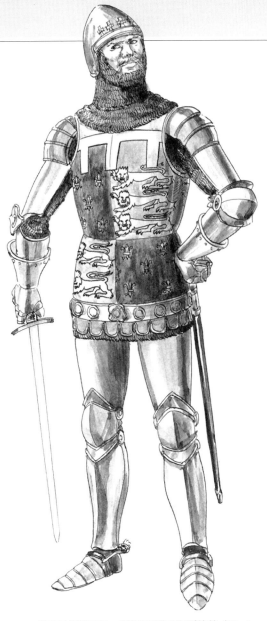

●和愛德華三世一起從軍的黑王子愛德華（Black Prince）。身穿繪有愛德華三世盾紋的戰袍，盾紋上方有表示長子的欄杆形。即便是親兄弟也不能使用同樣的盾紋。在得到自己獨立的徽章前，可以使用變形的父母的徽章。變形方法多種多樣，但最起碼要表現出是第幾個孩子。

239

Tournament

騎士競技

在天下太平的時候，我們當然可以整天數著金幣打發時間，騎士們可不能這樣懈怠。為了預防突然發生的戰鬥，騎士們必須勤奮練習。這就是所謂的鍛練騎士精神。騎士競技（Tournament）就是為此舉行的模擬戰鬥。現在的淘汰賽也叫作Tournament，就是從這裡取來的。

騎士們的Tournament，在娛樂貧乏的中世紀，給人們帶來了莫大的歡樂。賽場都設有觀眾席，王侯貴族、貴婦人們，為他們的競技而狂熱。這裡的優勝者，會成為眾人的明星。為了獎金和榮譽，有的勇士還會巡迴參加各地的模擬戰鬥。

在這個角落，請各位欣賞一下模擬戰鬥中的裝備。關於Tournament，我們也會稍加介紹的。（店主）

●以馬上槍比武（Joust）用的
板金鎧全副武裝起來的騎士。
鎧甲的安全性很高，分量也很
重。馬匹披的布上畫了自己的
徽章，還塗了Tournament用
的鮮艷色彩。

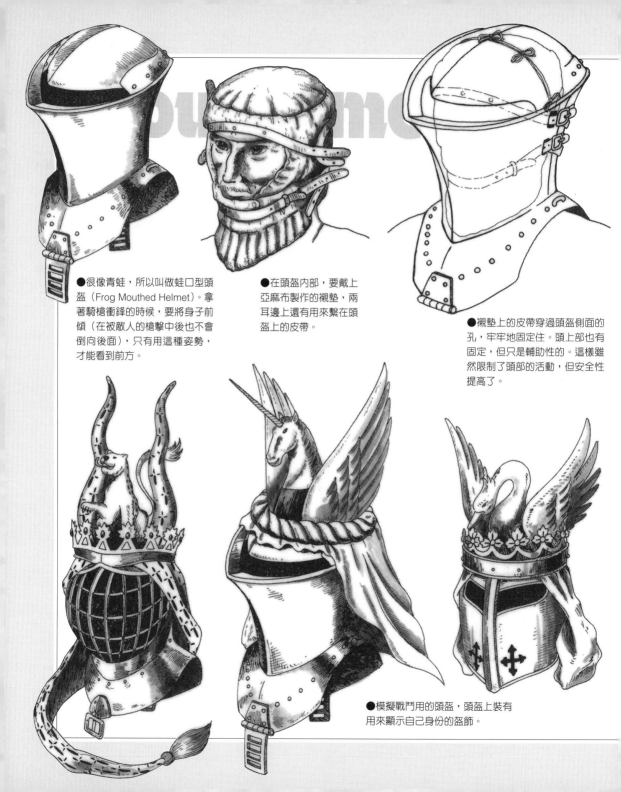

●很像青蛙，所以叫做蛙口型頭盔（Frog Mouthed Helmet）。拿著騎槍衝鋒的時候，要將身子前傾（在被敵人的槍擊中後也不會倒向後面），只有用這種姿勢，才能看到前方。

●在頭盔內部，要戴上亞麻布製作的襯墊，兩耳邊上還有用來繫在頭盔上的皮帶。

●襯墊上的皮帶穿過頭盔側面的孔，牢牢地固定住。頭上部也有固定，但只是輔助性的。這樣雖然限制了頭部的活動，但安全性提高了。

●模擬戰鬥用的頭盔，頭盔上裝有用來顯示自己身份的盔飾。

騎士競技的裝備

●馬上槍比武用的板金鎧（16世紀）。盾牌是橡木的，用繩子直接繫在胸甲上。由於在騎槍上裝有保護右手的喇叭形護手板（Vin Plate，有巨大的鍔），所以右手上沒有手甲。右胸上像鉤子一樣的，是用來支撐沉重騎槍的托槍架（Lance Rest）。下半身由於已經保護在馬的護胸後面，所以沒有必要裝鎧甲。

　　請來這邊看看騎士競技用的裝備。隨著年代推移，競技用的武器和防具變得越來越沒有危險。

　　在最初的競技中，使用和實戰相同的裝備，因此非常危險，死傷者不斷出現。教會也反對無意義的殺生行為，並宣布在騎士競技中死去的人不會以基督教徒的身份埋葬。對於國王們來說，優秀的騎士死於競技也是非常大的損失。騎士們自己當然也不想死。於是，規則逐漸制定出來，安全的裝備也被製作出來了。

　　拿鎧甲來說吧。在板金鎧已很發達的15、16世紀，由於騎士競技已經不再將生命當作賭注，所以在鎧甲製作中，安全被放在了第一位。在馬上槍比武中，為了專門防護敵人騎槍的穿刺，競技用的防具變得很重，但即使身體活動不便，也要把安全性作為優先。有的鎧甲重達40公斤以上，頭盔也有十來公斤的。但是，穿上這些「安全第一」的鎧甲，有時卻會被熱死或窒息而死。

　　在這裡，我們就從15世紀中葉的武器和防具開始介紹吧，當時的騎士競技已經制定出規則了。（店主）

●沒有後橋的馬鞍。在只以落馬為目的的馬上槍比武中使用。由於沒有後橋，所以容易落馬。

●馬的護胸。裝在馬鞍的前輪上，保護馬的前胸。同時還能保護騎手的腿。用厚布填入麥穗製成。

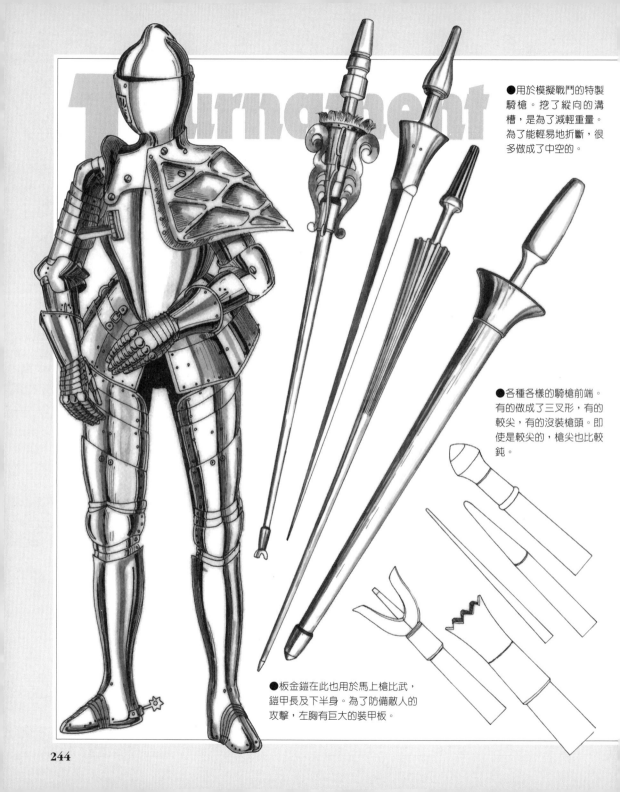

●用於模擬戰鬥的特製騎槍。挖了縱向的溝槽，是為了減輕重量。為了能輕易地折斷，很多做成了中空的。

●各種各樣的騎槍前端。有的做成了三叉形，有的較尖，有的沒裝槍頭。即使是較尖的，槍尖也比較鈍。

●板金鎧在此也用於馬上槍比武，鎧甲長及下半身。為了防備敵人的攻擊，左胸有巨大的裝甲板。

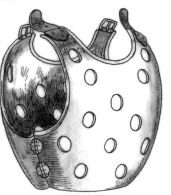

●模擬戰鬥用的護胸。為了減輕重量，也為了透氣，打上了很多小孔。

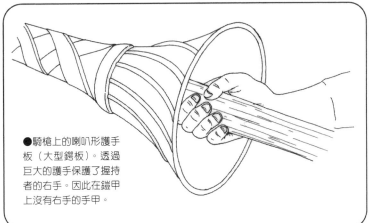

●騎槍上的喇叭形護手板（大型鍔板）。透過巨大的護手保護了握持者的右手。因此在鎧甲上沒有右手的手甲。

●用來支撐騎槍的托槍架。隨著騎槍的逐漸大型化，靠自身的力量已經拿不動騎槍了，於是產生了這個配件。由於騎槍的大小被托槍架的尺寸所限制，所以鎧甲和騎槍必須成套製造。

●沒有刀刃、尖端變鈍的模擬戰鬥用劍。法語中叫做「銳劍（Epee）」。用動物的骨頭等作為材料。

●模擬戰鬥用的棍棒。法語中叫做「Massue」。多半以木頭製成。棍棒或劍，都用繩子繫在手腕上。

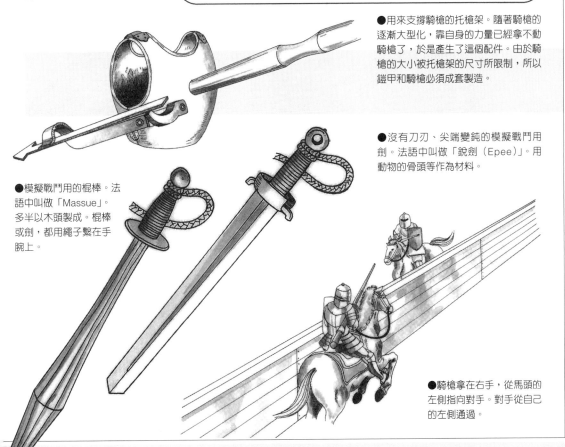

●騎槍拿在右手，從馬頭的左側指向對手。對手從自己的左側通過。

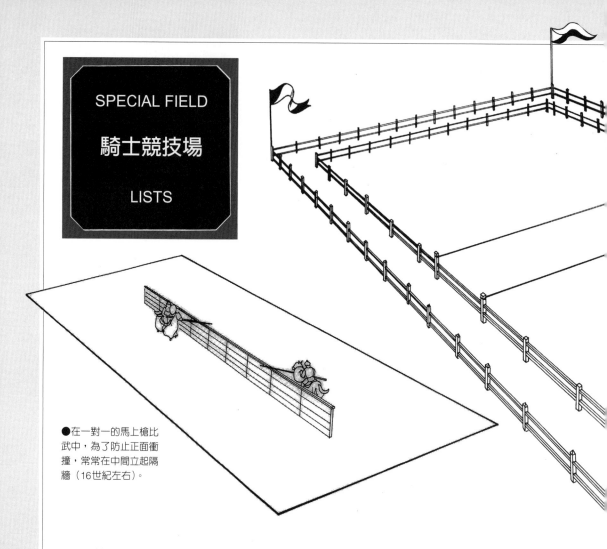

●在一對一的馬上槍比武中，為了防止正面衝撞，常常在中間立起隔牆（16世紀左右）。

　　這裡是本店引以為傲的騎士競技場。選購了騎士裝備的客人可以在這裡試試身手。如果您有此要求，我們可以按日出借。

　　為了能容納參加者很多的團體戰，騎士競技場的面積達到了270公尺×90公尺左右。在馬上槍比武時，會分出80公尺×70公尺的一塊使用。

　　比賽場在柵欄最裡面。內外柵欄之間是為傳令者設立的通道。在觀眾席上，中央是裁判員，左右是貴婦人的席位。有時，狂熱的客人會衝入場內。為了防止出現這種麻煩，還在周圍挖了壕溝。中央的繩子用來分開團體戰中的雙方。切斷繩子，騎士競技就開始了。（店主）

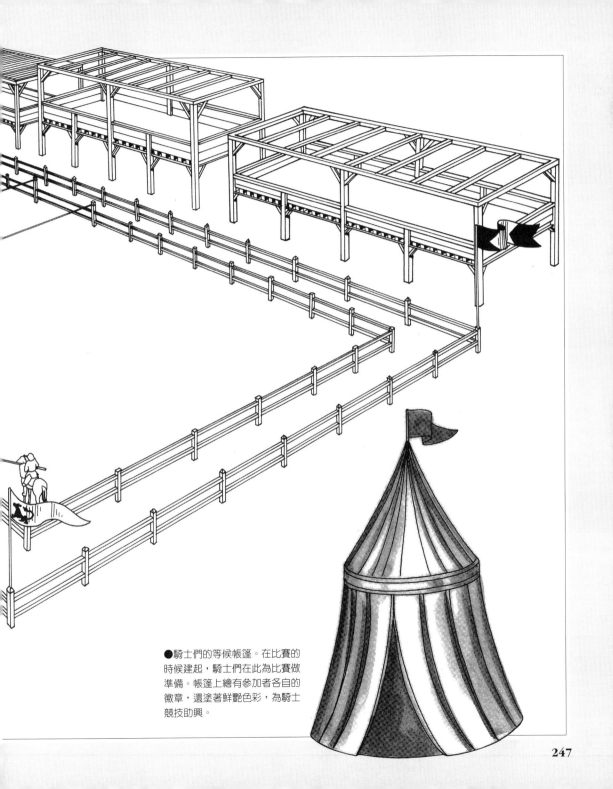

●騎士們的等候帳篷。在比賽的時候建起，騎士們在此為比賽做準備。帳篷上繪有參加者各自的徽章，還塗著鮮艷色彩，為騎士競技助興。

●一對一戰鬥。騎著馬、身穿鎧甲的騎士手持盾牌和長槍，瞄準對手衝鋒。瞄準的部位是對手的頸部以下，或者盾牌中央的突起部分。不管戳到哪裡，敵人都會墜落馬下。在強烈的衝擊下，騎槍本身也常被折斷。這時就要更換長槍重新衝鋒。到後來，只要折斷長槍，就算是在馬上槍比武中獲勝。於是人們開發出容易折斷的長槍，據說有的騎士一天會用掉幾十根長槍。如果刺的時候讓槍與中間的隔牆保持25至30度的角度，長槍會比較容易折斷。

●馬上槍比武用的練習木偶。為了在比賽中獲勝，練習是必不可少的。這個木偶裡裝有可以轉動的木軸，刺到盾牌之後，必須馬上跑開。否則轉過來的重錘會打到騎士。

比賽形式

騎士競技的比賽，大致上可以分成個人戰和團體戰兩種形式。團體戰又分成兩種。如果您還未曾在騎士競技中出場，下面我們就和您稍微談談它們的情況。（店主）

馬上槍比武 JOUST

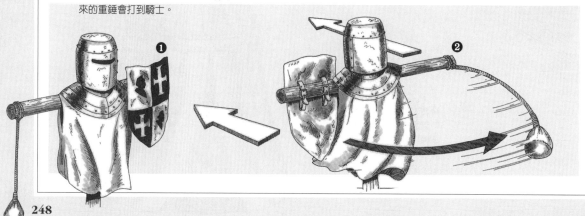

●約在12世紀左右，馬上槍
比武的方法。
①手持長槍向對手衝鋒。
②用槍將對手挑落馬下。
③下馬，用劍格鬥。
④被降服的騎士在對手面前單
　腿跪下，捧上自己的劍。

❶

❷

❸

❹

●有人單槍匹馬衝殺，有人下了馬用劍格鬥。很多騎士包圍著一個騎士。一方的隊形被打破後，便有片刻休息，以抬出俘虜和傷者，收拾起折斷的長槍。不久，隊列重新站好，戰鬥再度開始。有的騎士因疲勞而躺在場外。這樣的戰鬥不斷重複著，最後，終場的喇叭響起，比賽宣告結束。然後裁判員（王侯貴族，或者光榮退役的騎士等人）透過協商，選出最勇敢的騎士作為優勝者。優勝者可以獲得獎品和獎金，另外還有比一切更可貴的榮譽。

贖金

　　不管是馬上槍比武，還是團體戰，敗者都會成為勝者的俘虜。敗者只有取出隨身攜帶的東西作為贖金交出，才能被釋放。因此，既有人在騎士競技中發財，也有人因騎士競技而貧窮。看起來這只有在騎士競技中才能發生，在實際的戰鬥中，其實也會有這樣的事情。

　　在實際的戰鬥中，勝者可以任意處置敗者。在墜馬後，雖然有時會立刻被割喉，敗者仍會請求繳納贖金以保全性命。當然，在家人繳納贖金之前，他們不得不當俘虜。隨著這種情況成為習慣，在戰爭中殺人的事情逐漸消失，勝者在抓到俘虜後，會先開始要求贖金。於是，透過戰爭發財成為可能，有一些人因此結成團夥，集中攻擊有錢的對手。不知不覺地，人們開始要求提前約好戰爭的時間、地點，並希望雙方參戰人數相等。這樣的話，戰爭與模擬戰鬥便區別不大了。（店主）

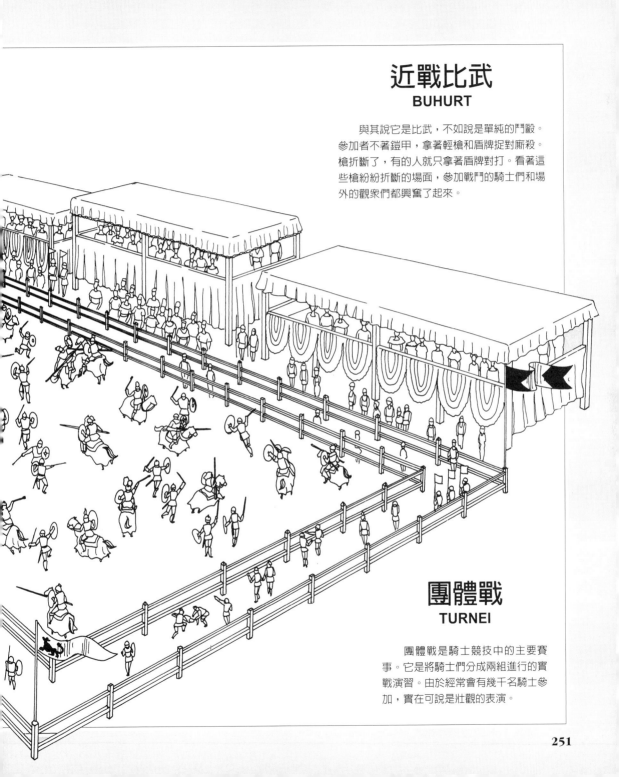

近戰比武
BUHURT

與其說它是比武，不如說是單純的鬥毆。參加者不著鎧甲，拿著輕槍和盾牌捉對廝殺。槍折斷了，有的人就只拿著盾牌對打。看著這些槍紛紛折斷的場面，參加戰鬥的騎士們和場外的觀眾們都興奮了起來。

團體戰
TURNEI

團體戰是騎士競技中的主要賽事。它是將騎士們分成兩組進行的實戰演習。由於經常會有幾千名騎士參加，實在可說是壯觀的表演。

FLOOR
4

聖職者
PRIEST

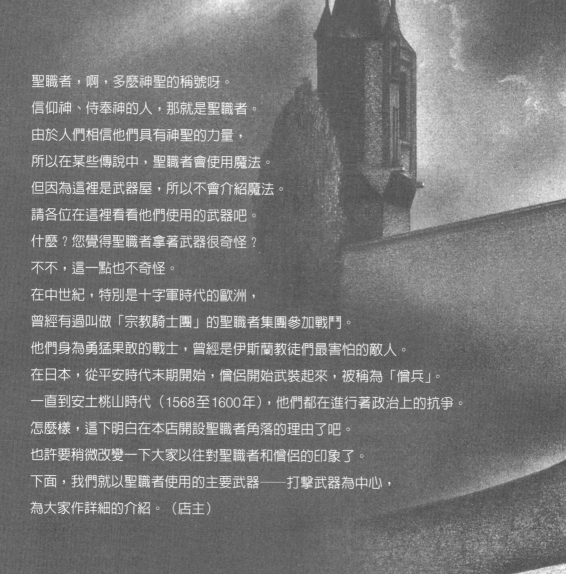

聖職者，啊，多麼神聖的稱號呀。

信仰神、侍奉神的人，那就是聖職者。

由於人們相信他們具有神聖的力量，

所以在某些傳說中，聖職者會使用魔法。

但因為這裡是武器屋，所以不會介紹魔法。

請各位在這裡看看他們使用的武器吧。

什麼？您覺得聖職者拿著武器很奇怪？

不不，這一點也不奇怪。

在中世紀，特別是十字軍時代的歐洲，

曾經有過叫做「宗教騎士團」的聖職者集團參加戰鬥。

他們身為勇猛果敢的戰士，曾經是伊斯蘭教徒們最害怕的敵人。

在日本，從平安時代末期開始，僧侶開始武裝起來，被稱為「僧兵」。

一直到安土桃山時代（1568至1600年），他們都在進行著政治上的抗爭。

怎麼樣，這下明白在本店開設聖職者角落的理由了吧。

也許要稍微改變一下大家以往對聖職者和僧侶的印象了。

下面，我們就以聖職者使用的主要武器——打擊武器為中心，

為大家作詳細的介紹。（店主）

Macer

持權杖者

　　說到聖職者樂於使用的打擊武器，當然是權杖。之所以會被喜歡的一個理由，是因為杖或棍棒狀的東西，自古以來就是權力的象徵。聖職者畢竟是侍奉神的人，自尊心自然也很強。也是出於這個理由，才取了「持權杖者」這樣一個冠冕堂皇的名字。

　　還有一個理由，是因為聖書上禁止傷人流血。不過，請看看這些權杖的形狀。被它們打到，怎麼樣都會流血的吧。（店主）

●在11世紀，諾曼公爵威廉征服英格蘭關鍵一戰的黑斯廷斯戰役中，威廉的弟弟奧多，雖然身為主教，但也參加了戰鬥。他手中握著的，正是聖職者喜愛的打擊武器——權杖。順帶說一下，他也參加了十字軍東征。

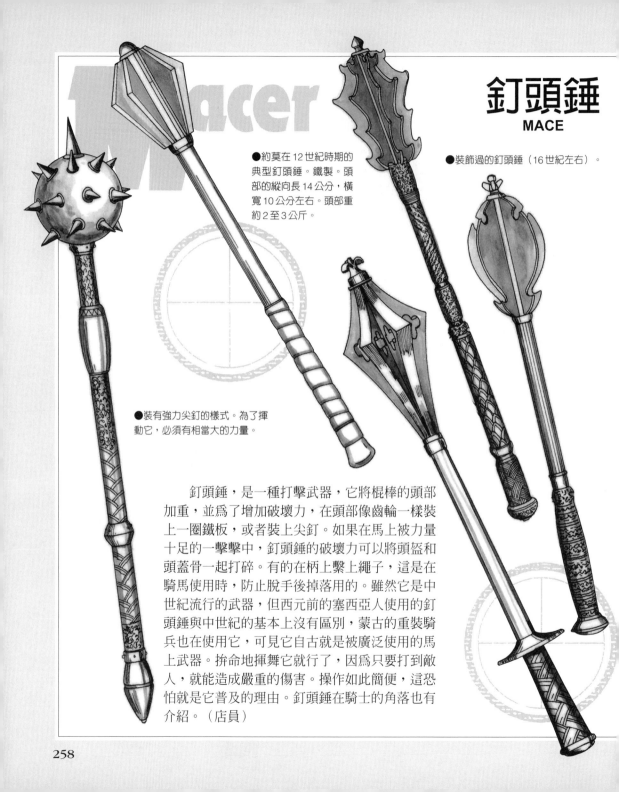

釘頭錘
MACE

●約莫在12世紀時期的典型釘頭錘。鐵製。頭部的縱向長14公分，橫寬10公分左右。頭部重約2至3公斤。

●裝飾過的釘頭錘（16世紀左右）。

●裝有強力尖釘的樣式。為了揮動它，必須有相當大的力量。

　　釘頭錘，是一種打擊武器，它將棍棒的頭部加重，並爲了增加破壞力，在頭部像齒輪一樣裝上一圈鐵板，或者裝上尖釘。如果在馬上被力量十足的一擊擊中，釘頭錘的破壞力可以將頭盔和頭蓋骨一起打碎。有的在柄上繫上繩子，這是在騎馬使用時，防止脫手後掉落用的。雖然它是中世紀流行的武器，但西元前的塞西亞人使用的釘頭錘與中世紀的基本上沒有區別，蒙古的重裝騎兵也在使用它，可見它自古就是被廣泛使用的馬上武器。拚命地揮舞它就行了，因爲只要打到敵人，就能造成嚴重的傷害。操作如此簡便，這恐怕就是它普及的理由。釘頭錘在騎士的角落也有介紹。（店員）

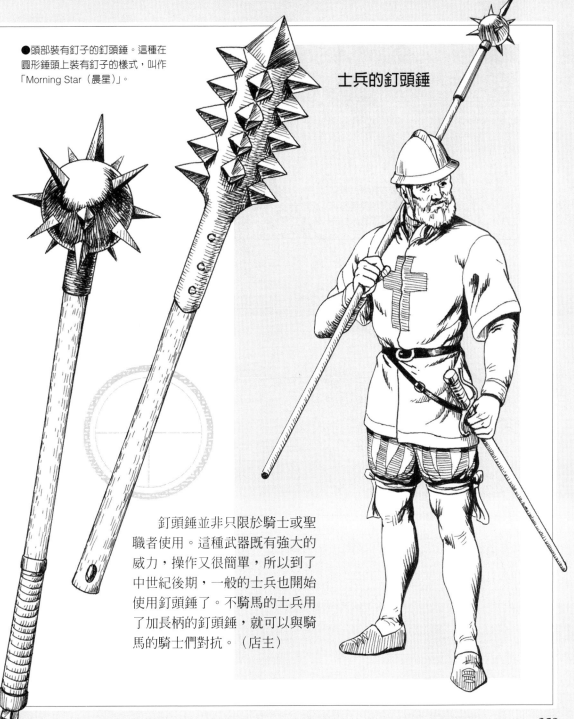

●頭部裝有釘子的釘頭錘。這種在圓形錘頭上裝有釘子的樣式，叫作「Morning Star（晨星）」。

士兵的釘頭錘

釘頭錘並非只限於騎士或聖職者使用。這種武器既有強大的威力，操作又很簡單，所以到了中世紀後期，一般的士兵也開始使用釘頭錘了。不騎馬的士兵用了加長柄的釘頭錘，就可以與騎馬的騎士們對抗。（店主）

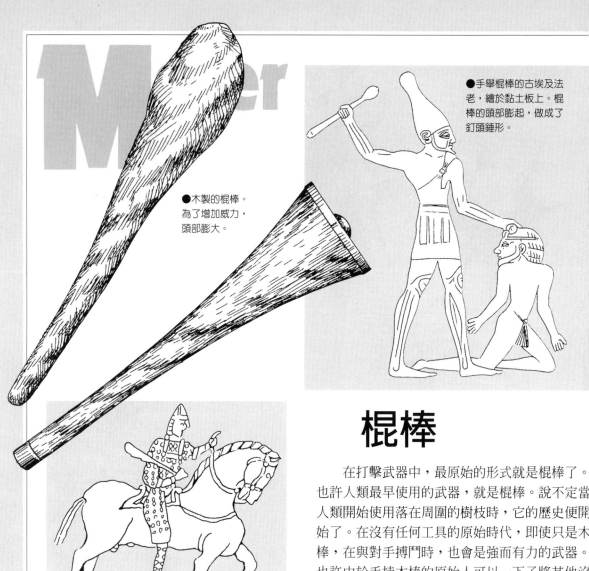

●木製的棍棒。為了增加威力，頭部膨大。

●手舉棍棒的古埃及法老，繪於黏土板上。棍棒的頭部膨起，做成了釘頭錘形。

●在巴游掛毯中繪製著諾曼騎兵，可見他手中拿著棍棒。

棍棒

　　在打擊武器中，最原始的形式就是棍棒了。也許人類最早使用的武器，就是棍棒。說不定當人類開始使用落在周圍的樹枝時，它的歷史便開始了。在沒有任何工具的原始時代，即使只是木棒，在與對手搏鬥時，也會是強而有力的武器。也許由於手持木棒的原始人可以一下子將其他沒有工具的原始人打敗，木棒便被視為力量強大的象徵。在古埃及，棍棒已經被認為是權力的象徵；在以宗教為中心的事務中，棍棒直到現在也以權杖的形式存在著，其代表權威的意義也被繼承下來。（店員）

日本的棒術

在日本，有一種武術，使用60公分左右長度的棍棒，叫做棒術。它不僅將棍棒用於擊打對手，還可以利用棍棒摔倒對手，或者別住對手的關節。要是我的話，只要「磅！磅！磅！磅！磅！磅！」呼……（喘口氣），不停地敲就行了唄。（不正經的店員）

●木製，長約60公分。

棒的使用方法

①用棒摔倒對方。
②別住腿。
③別住手臂，再向後摔倒對方。

Flail

連枷

　　釘頭錘確實是對付鎧甲的有力武器，但在中世紀，鎧甲的技術也在不斷進步，即便是釘頭錘，如果不是完全擊中，有時也難以給對手造成傷害。於是釘頭錘被改良，製作出可以更高效地將力量傳到錘頭的連枷。最初只是騎士等人的隨從使用，當認識到它的可怕威力後，士兵中也普及使用了連枷。連枷的頭部如果沒命中，只要鎖鏈部分抽到了對手，在這一擊中還是可以使錘頭打到對手，或者纏住對手。但是如果打空了，錘頭就會朝自己飛過來。為了安全，在絕大部分連枷上，鎖鏈和錘頭的長度加起來理所當然地要比錘柄短。但由於手腕的揮動方法不同，還是不難見到精彩命中自己的情況。

　　您要是有力氣，大可盡情地揮舞連枷。但是請您瞄準了再打。打空的話，準會要了您的命。（店主）

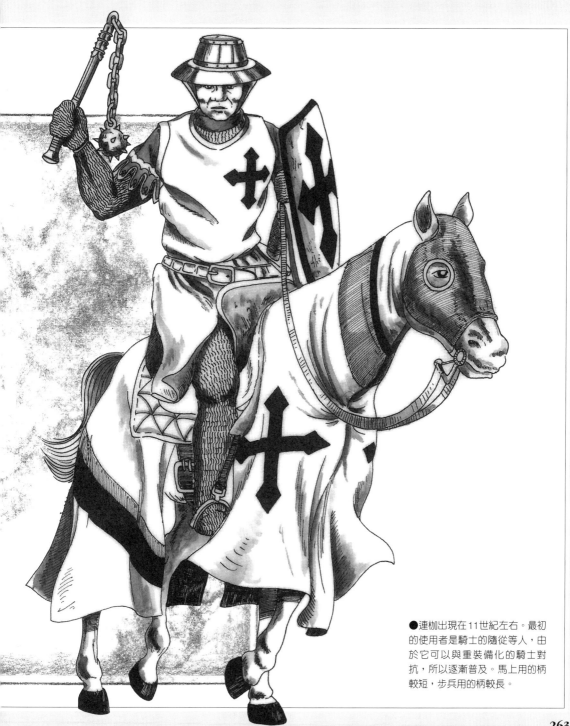

●連枷出現在11世紀左右。最初
的使用者是騎士的隨從等人，由
於它可以與重裝備化的騎士對
抗，所以逐漸普及。馬上用的柄
較短，步兵用的柄較長。

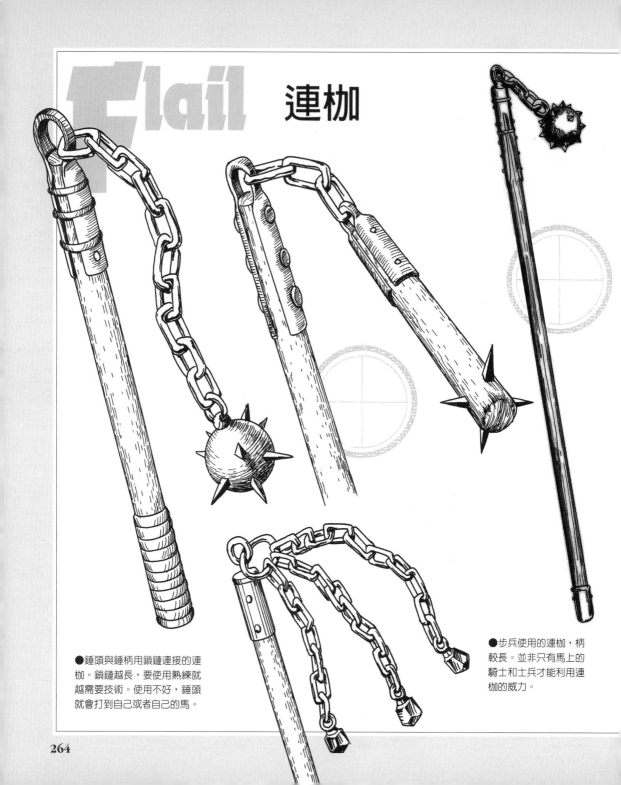

Flail 連枷

●錘頭與錘柄用鎖鏈連接的連枷。鎖鏈越長，要使用熟練就越需要技術。使用不好，錘頭就會打到自己或者自己的馬。

●步兵使用的連枷，柄較長。並非只有馬上的騎士和士兵才能利用連枷的威力。

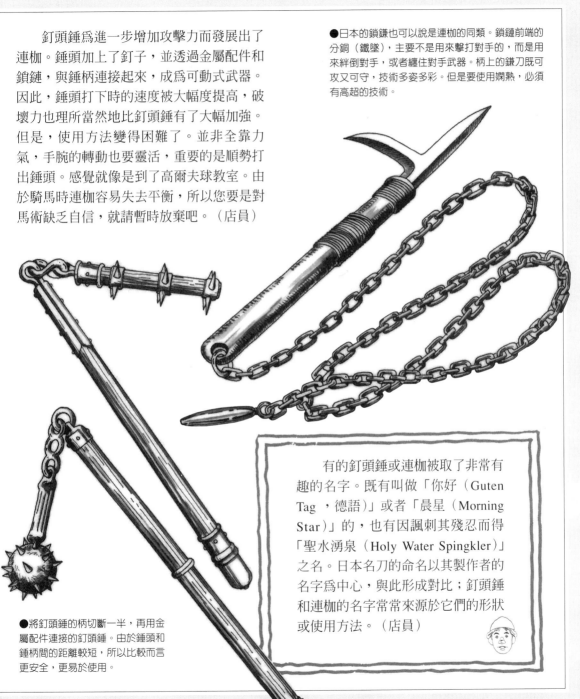

　　釘頭錘為進一步增加攻擊力而發展出了連枷。錘頭加上了釘子，並透過金屬配件和鎖鏈，與錘柄連接起來，成為可動式武器。因此，錘頭打下時的速度被大幅度提高，破壞力也理所當然地比釘頭錘有了大幅加強。但是，使用方法變得困難了。並非全靠力氣，手腕的轉動也要靈活，重要的是順勢打出錘頭。感覺就像是到了高爾夫球教室。由於騎馬時連枷容易失去平衡，所以您要是對馬術缺乏自信，就請暫時放棄吧。（店員）

●日本的鎖鐮也可以說是連枷的同類。鎖鏈前端的分銅（鐵墜），主要不是用來擊打對手的，而是用來絆倒對手，或者纏住對手武器。柄上的鐮刀既可攻又可守，技術多姿多彩。但是要使用嫻熟，必須有高超的技術。

　　有的釘頭錘或連枷被取了非常有趣的名字。既有叫做「你好（Guten Tag，德語）」或者「晨星（Morning Star）」的，也有因諷刺其殘忍而得「聖水湧泉（Holy Water Spingkler）」之名。日本名刀的命名以其製作者的名字為中心，與此形成對比；釘頭錘和連枷的名字常常來源於它們的形狀或使用方法。（店員）

●將釘頭錘的柄切斷一半，再用金屬配件連接的釘頭錘。由於錘頭和錘柄間的距離較短，所以比較而言更安全，更易於使用。

265

Orders of knight

宗教騎士團

　　西元1095年，在當時的羅馬教皇烏爾班二世的倡導下，十字軍東征開始了。既然這次遠征的口號是保衛基督教，侍奉神的聖職者們也理所當然地捲入了戰爭。聖地耶路撒冷因十字軍而成為戰場，聖職者們便為了保護前往聖地的朝聖者而結成了修道會。這就是宗教騎士團。他們為防備突發的戰鬥，也獲得了騎士的資格。由於伊斯蘭教徒最懼怕勇敢的他們，於是他們也開始逐漸重視起自身作為十字軍戰士的作用了。

　　作為保護基督教的騎士團，各種捐款都流向他們，使他們財源滾滾。真令人羨慕呀！（店主）

●曾參加十字軍的宗教騎士團
（13世紀左右）。他們與一般騎
士的區別是，穿著繪有大號十
字的斗篷，使用的武器以打擊
類武器為主。

267

Orders of knight

十字軍東征以後

宗教騎士團原本就是爲了十字軍而建立的修道會,所以當十字軍東征結束後,他們的使命便完成了。但是,擁有豐富財源和強大軍事實力的他們,爲了保護自己的利益,進行了各項活動。(店員)

●參加殖民活動、身穿板金鎧的宗教騎士團員(16世紀左右)。十字軍結束後,騎士團仍繼續存在著。有的騎士團憑著豐富的財源而投身金融業,有的騎士團則出賣自己的勇敢,參與殖民活動,或與非基督教徒作戰。

●表示各自騎士團的各種十字標記。

下面我來介紹一下在宗教騎士團中號稱最有勢力的三個騎士團，也被叫做「三大騎士團」。

最先介紹的，是聖堂騎士團（The Order of Temple Knights）。

聖堂騎士團是為數眾多的騎士團中最勇敢的，該騎士團曾經在十字軍東征時不顧性命地奮勇作戰。但由於使用來自各地的大量捐款經營金融業，並且買下了地中海上的塞浦勒斯島，因而遭到人們的反感。進一步的，由於覬覦他們的豐富財源，法國國王菲利浦四世以策略沒收了他們絕大部分財產。14世紀初，該騎士團終於被教皇解散了。（店主）

十字架標記

他們製作了各自不同的十字架標記，以與其他騎士團區別開來。本店還為了大家而專門出售十字軍標記。有了它，任誰都不會懷疑您是假的宗教騎士。價格便宜，很划算喲。連我都有三大宗教騎士團的所有十字架標記呢。（不正經的店員）

●身穿繪有聖堂騎士團「商標」——白底紅十字架斗篷的騎士。短頭髮，下巴上留著鬍子。據說伊斯蘭教徒最害怕戴著這個紅十字的戰士。

聖堂騎士團

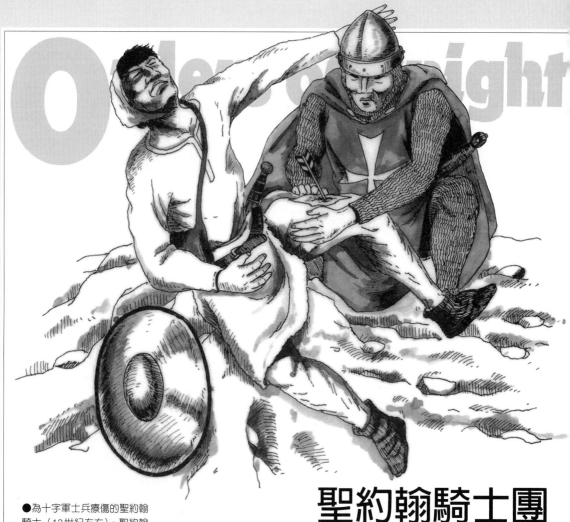

●為十字軍士兵療傷的聖約翰騎士（13世紀左右）。聖約翰騎士團的「商標」是黑色斗篷上繪白色十字標記。據說連伊斯蘭教將領薩拉丁，都曾經稱讚他們的慈善活動。

聖約翰騎士團

　　不僅保護前往聖地的朝聖者，而且為病人和傷員治療的，是聖約翰騎士團（The Order of Knights of St. John），又稱醫院騎士團（The Hospitallers of St. John of Jerusaltm）。但與其他騎士團一樣，逐漸變成參加戰鬥的騎士團。後來由於轉移到位於羅德斯島、馬耳他島的根據地，所以也叫作羅德斯騎士團、馬耳他騎士團。在1571年的勒班陀之役（Battle of Lepanto），與奧圖曼土耳其作戰，為西班牙贏得了勝利。到1798年拿破崙佔領馬耳他島為止，這個騎士團一直作為騎士團國家，保持著獨立。（店員）

條頓騎士團

別名「聖母騎士團（The Order of Knights of Virgin Mary）」，或者由於它是德意志人構成的，也稱爲德意志騎士團。十字軍以後，應波蘭貴族的的邀請，他們致力於波羅的海沿岸斯拉夫民族的基督教化，進行了殖民活動。出於對其勢力迅速擴大的恐懼，波蘭國王在1410年的坦嫩貝格（Tannenberg）之戰中打敗了他們。之後，條頓騎士團的勢力逐漸衰落。

他們的殖民地，成爲後來普魯士的基礎。（店員）

●普魯士殖民時代的條頓騎士（14世紀左右）。條頓騎士團戴著白底黑十字架，他們保護的朝聖者僅限於德意志人。

現代的騎士團

在前面介紹過的三大騎士團中，現在只殘存著聖約翰騎士團。在災害或事故的時候，他們有兩萬多人擔任急救人員的工作。他們也會前往柬埔寨戰爭等戰場，參與救援行動。

FLOOR
5

刺客
ASSASSIN

大家也許已經明白為什麼要將這裡搞得黑漆漆了。

這是因為考慮到有很多客人不宜暴露容貌。

在這個樓層，我們為絕不公開拋頭露面、生活在黑暗世界裡的客人，

準備了各種武器。

對於從事這些職業的人來說，重要的是要使自己的行動不為人知，

在其未發覺時接近敵人，並在瞬間達到目的。

如果對手知道您帶有武器，自然會提高警戒，因此武器的種類必須限制。

它們絕大多數都是很小的武器，

所以不像前面介紹過的武器那樣擁有巨大的威力。

因此在使用這些武器時，必須能準確瞄準對手的要害，還要有快如閃電的敏捷性。

為了接近對手，不動聲色的冷酷本質也非常重要。

如果您對自己的本事缺乏自信，或者希望享受塵世生活的豐富多彩，

就請到別的樓層去看看吧。

在各位顧客中，是不是也有正被追擊著的人呢？

我們備有逃脫用的後門，您可以隨時使用，不過當然是要收費的。（店主）

Assassin

刺客

　　將在這個角落介紹的，是刺客們使用的武器。但這些武器不僅可以供刺客使用，也都可以作為護身之物。在您選擇的時候，請與用途搭配起來考慮。這裡的中心商品，主要是可以放在懷中的短劍、小型飛行道具等小巧武器，以及乍看不像武器的隱形武器。但如果您要求侷限於暗殺專用，我們也準備了那些形狀稍顯奇怪的武器。（店主）

●用短劍攻擊。趁其不備接近敵
人之後，或者在相互扭打時，短
劍是最有效的武器。即便對方穿
著鎧甲，只要瞄準鎧甲的縫隙，
同樣可以進行攻擊。

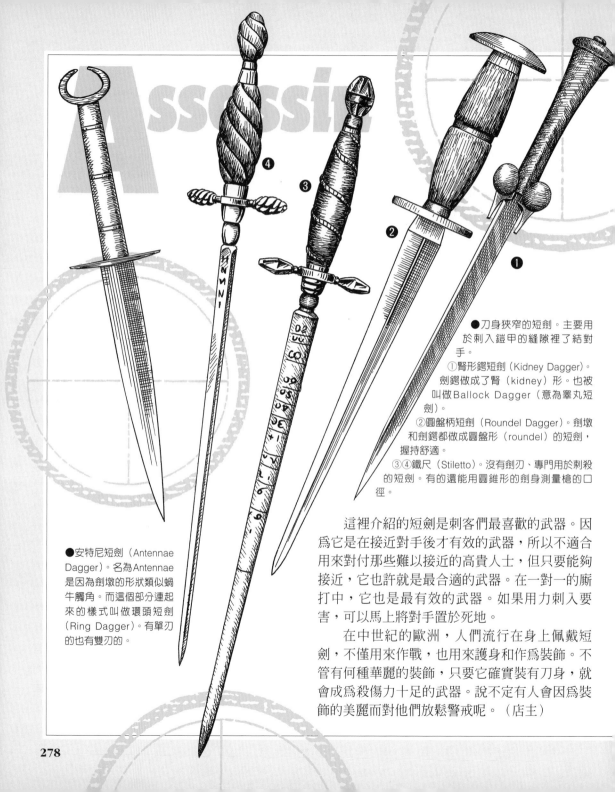

④

③

②

①

●刀身狹窄的短劍。主要用
　於刺入鎧甲的縫隙裡了結對
　手。
　①腎形鐔短劍（Kidney Dagger）。
　　劍鐔做成了腎（kidney）形。也被
　　叫做Ballock Dagger（意為睪丸短
　　劍）。
　②圓盤柄短劍（Roundel Dagger）。劍
　　墩和劍鐔都做成圓盤形（roundel）的短劍，
　　握持舒適。
　③④鐵尺（Stiletto）。沒有劍刃、專門用於刺殺
　　的短劍。有的還能用圓錐形的劍身測量槍的口
　　徑。

　　這裡介紹的短劍是刺客們最喜歡的武器。因
爲它是在接近對手後才有效的武器，所以不適合
用來對付那些難以接近的高貴人士，但只要能夠
接近，它也許就是最合適的武器。在一對一的廝
打中，它也是最有效的武器。如果用力刺入要
害，可以馬上將對手置於死地。
　　在中世紀的歐洲，人們流行在身上佩戴短
劍，不僅用來作戰，也用來護身和作爲裝飾。不
管有何種華麗的裝飾，只要它確實裝有刀身，就
會成爲殺傷力十足的武器。說不定有人會因爲裝
飾的美麗而對他們放鬆警戒呢。（店主）

●安特尼短劍（Antennae
Dagger）。名爲Antennae
是因爲劍墩的形狀類似蝸
牛觸角。而這個部分連起
來的樣式叫做環頭短劍
（Ring Dagger）。有單刃
的也有雙刃的。

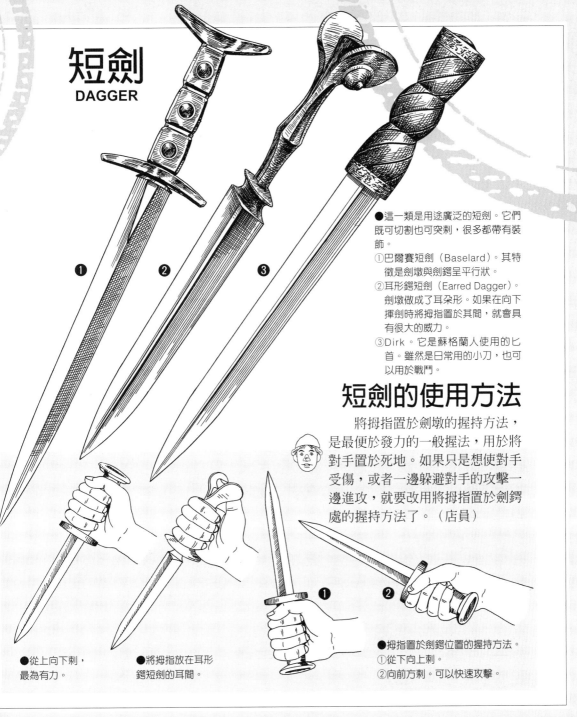

短劍
DAGGER

❶ ❷ ❸

●這一類是用途廣泛的短劍。它們既可切割也可突刺，很多都帶有裝飾。

①巴爾賽短劍（Baselard）。其特徵是劍墩與劍鍔呈平行狀。

②耳形鍔短劍（Earred Dagger）。劍墩做成了耳朵形。如果在向下揮劍時將拇指置於其間，就會具有很大的威力。

③Dirk。它是蘇格蘭人使用的匕首。雖然是日常用的小刀，也可以用於戰鬥。

短劍的使用方法

將拇指置於劍墩的握持方法，是最便於發力的一般握法，用於將對手置於死地。如果只是想使對手受傷，或者一邊躲避對手的攻擊一邊進攻，就要改用將拇指置於劍鍔處的握持方法了。（店員）

●從上向下刺，最為有力。

●將拇指放在耳形鍔短劍的耳間。

❶ ❷

●拇指置於劍鍔位置的握持方法。
①從下向上刺。
②向前方刺。可以快速攻擊。

279

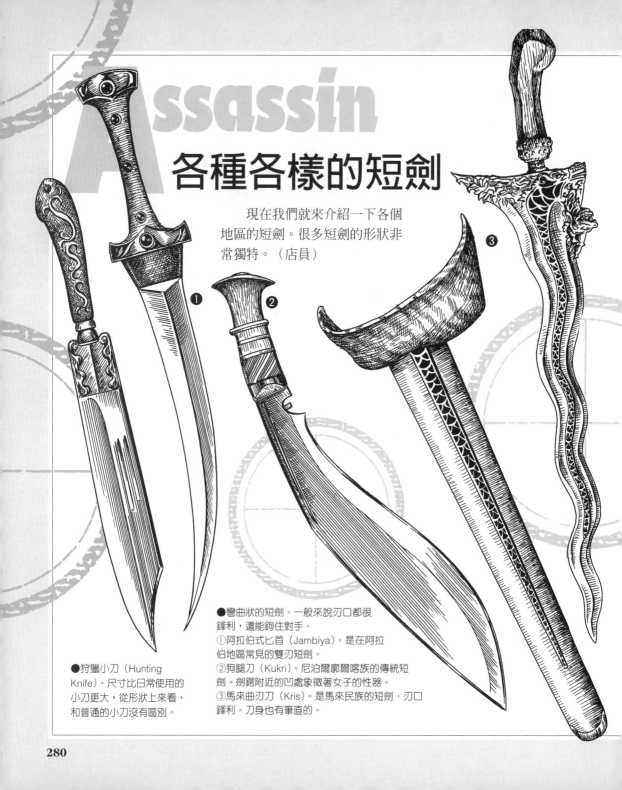

Assassin

各種各樣的短劍

現在我們就來介紹一下各個
地區的短劍。很多短劍的形狀非
常獨特。（店員）

❶

❷

❸

●狩獵小刀（Hunting
Knife）。尺寸比日常使用的
小刀更大，從形狀上來看，
和普通的小刀沒有區別。

●彎曲狀的短劍。一般來說刃口都很
鋒利，還能鉤住對手。
①阿拉伯式匕首（Jambiya）。是在阿拉
伯地區常見的雙刃短劍。
②狗腿刀（Kukri）。尼泊爾廓爾喀族的傳統短
劍。劍鐔附近的凹處象徵著女子的性器。
③馬來曲刃刀（Kris）。是馬來民族的短劍。刃口
鋒利。刀身也有筆直的。

隱藏短劍的方法

　　對於刺客而言，爲使對方放鬆警戒，必須將短劍隱藏。下面就祕密地告訴大家幾個隱藏的方法。

・在書裡挖出短劍形狀的空洞，將短劍放進去。

・把短劍放在東西捲起後形成的中間空洞裡。

・綁在手臂或腿上。

・把短劍完全藏在靴子裡。

・頭髮較長的人，可以將短劍放在頭髮可以掩蓋之處。

　　如何？請大家選擇最合適的方法，多加小心，千萬不要被發現。也不要在其他的事情上亂用呀。（不正經的店員）

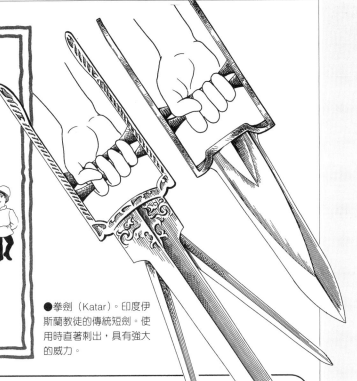

●拳劍（Katar）。印度伊斯蘭教徒的傳統短劍。使用時直著刺出，具有強大的威力。

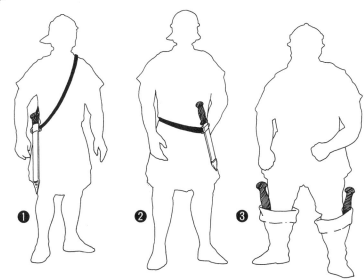

❶　　　　❷　　　　❸

佩戴短劍的位置

　　短劍這種武器還可以當作裝飾品來佩戴，所以不能不重視佩戴短劍的位置。一般來說有下面幾種佩戴方法。（店員）

①掛在肩帶上。
②掛在腰間的皮帶上。
③放入靴子。

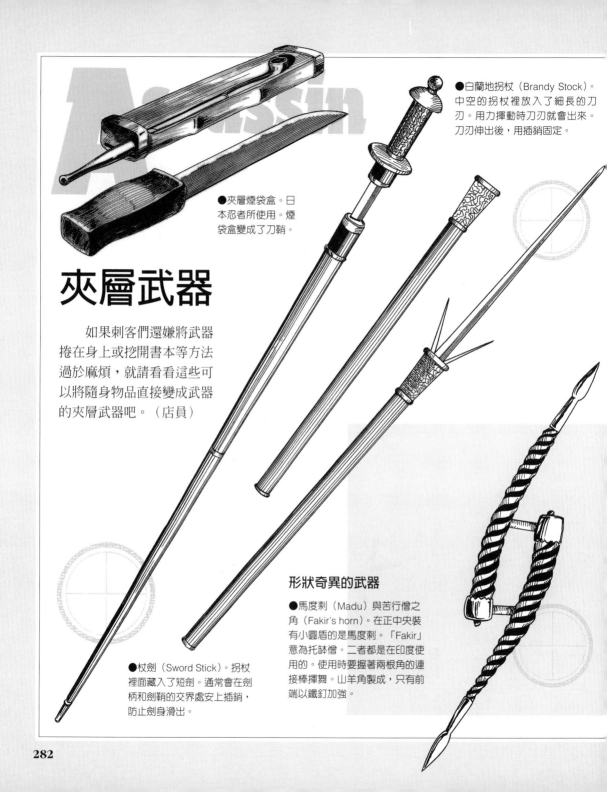

●夾層煙袋盒。日本忍者所使用。煙袋盒變成了刀鞘。

●白蘭地拐杖（Brandy Stock）。中空的拐杖裡放入了細長的刀刃。用力揮動時刀刃就會出來。刀刃伸出後，用插銷固定。

夾層武器

　　如果刺客們還嫌將武器捲在身上或挖開書本等方法過於麻煩，就請看看這些可以將隨身物品直接變成武器的夾層武器吧。（店員）

形狀奇異的武器

●馬度刺（Madu）與苦行僧之角（Fakir's horn）。在正中央裝有小圓盾的是馬度刺。「Fakir」意為托缽僧。二者都是在印度使用的。使用時要握著兩根角的連接棒揮舞。山羊角製成，只有前端以鐵釘加強。

●杖劍（Sword Stick）。拐杖裡面藏入了短劍。通常會在劍柄和劍鞘的交界處安上插銷，防止劍身滑出。

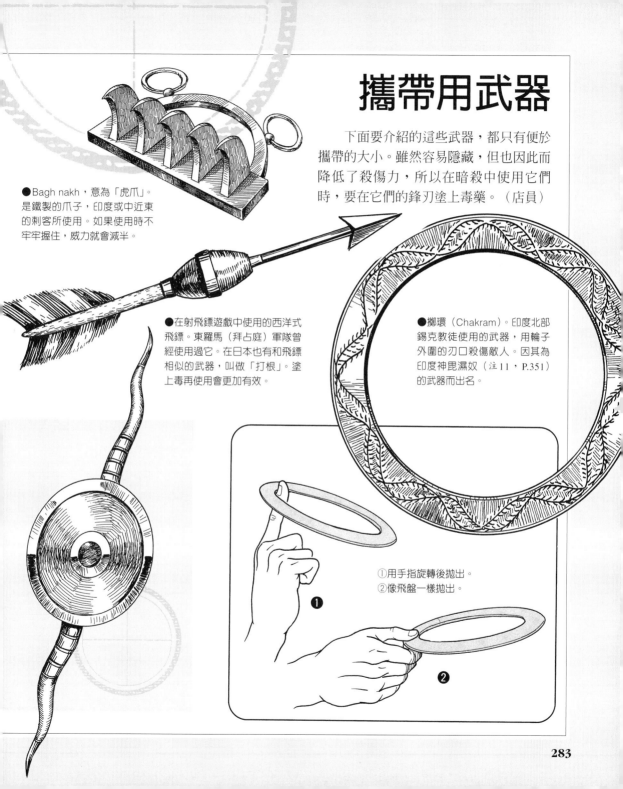

攜帶用武器

下面要介紹的這些武器,都只有便於攜帶的大小。雖然容易隱藏,但也因此而降低了殺傷力,所以在暗殺中使用它們時,要在它們的鋒刃塗上毒藥。(店員)

●Bagh nakh,意為「虎爪」。是鐵製的爪子,印度或中近東的刺客所使用。如果使用時不牢牢握住,威力就會減半。

●在射飛鏢遊戲中使用的西洋式飛鏢。東羅馬(拜占庭)軍隊曾經使用過它。在日本也有和飛鏢相似的武器,叫做「打根」。塗上毒再使用會更加有效。

●擲環(Chakram)。印度北部錫克教徒使用的武器,用輪子外圍的刃口殺傷敵人。因其為印度神毗濕奴(注11,P.351)的武器而出名。

①用手指旋轉後拋出。
②像飛盤一樣拋出。

❶

❷

Ninja
忍者

　　這個角落是屬於那些生活在陰暗世界中的隱匿者的，他們就是大家熟知的忍者。在日本的戰國時代，忍者們身爲獲取敵人情報的間諜，而活躍於武將群雄割據的局面中。他們爲了獲得情報，常常要屏著呼吸潛入敵人城堡、官邸的屋頂和地板下。隨著時間的推移，忍者也開始了暗殺行動，但他們最基本的任務仍是搜集敵人的情報。他們的武器出於這類行動的需要，而進行了一系列加工和改裝。同時，加工對工坊的人們而言，在製作這些裝備時也樂在其中。

　　不過必須說明，一旦進入了這個隱匿的世界，就絕不可能退出了。這是因爲忍者的情報全都非常重要，是絕對不能洩露出去的。退出即意味著死亡。

　　選購的時候，您最好已經下定決心：從此再也不能行走在塵世的大街上了。（店主）

●忍者們行動敏捷,不可被他人看
到。為了不妨礙活動,將刀背在背
上。夜晚行動時穿黑衣,雪、霧天
則全身覆蓋白衣。總之盡量使身體
不被發現。衣服上到處都有暗兜和
繩子,可以放入或掛上小件物品

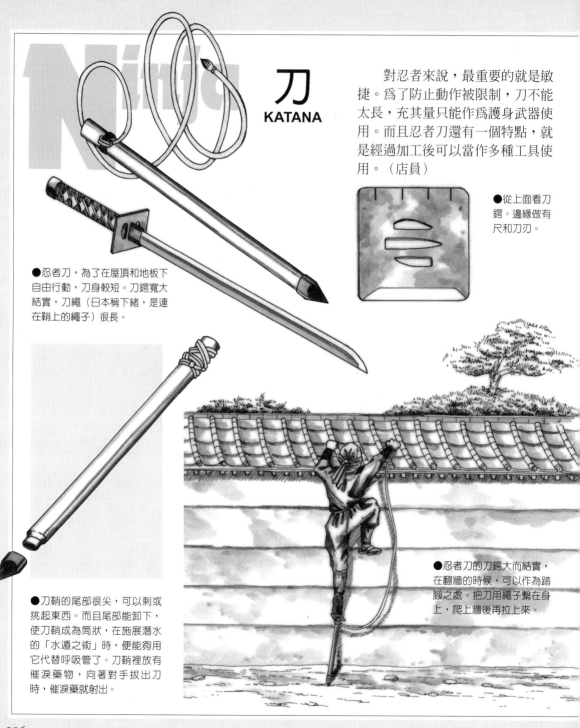

刀
KATANA

對忍者來說，最重要的就是敏捷。為了防止動作被限制，刀不能太長，充其量只能作為護身武器使用。而且忍者刀還有一個特點，就是經過加工後可以當作多種工具使用。（店員）

●從上面看刀鐔。邊緣做有尺和刀刃。

●忍者刀，為了在屋頂和地板下自由行動，刀身較短。刀鐔寬大結實，刀繩（日本稱下緒，是連在鞘上的繩子）很長。

●刀鞘的尾部很尖，可以刺或挑起東西。而且尾部能卸下，使刀鞘成為筒狀，在施展潛水的「水遁之術」時，便能夠用它代替呼吸管了。刀鞘裡放有催淚藥物，向著對手拔出刀時，催淚藥就射出。

●忍者刀的刀鐔大而結實，在翻牆的時候，可以作為踏腳之處。把刀用繩子繫在身上，爬上牆後再拉上來。

●通常只在上半身穿鎖帷子。
上衣穿在它的外面。

鎧甲

　　忍者們備有不會限制活動的鎧甲。它是鎖子甲的一種，在日本叫做鎖帷子。鎖帷子縫在布上，行動時不會發出聲響。而且它使用的鎖鏈是用比歐洲鎖子甲更細小的鐵環製成的，所以防禦效果不如鎖子甲。鎖帷子輕巧、便於活動，可以說是最適合忍者的防具了。

　　有時忍者也不得不穿著正式的鎧甲戰鬥。即便是在這種情況下，仍然首先要考慮到動作的靈活性。也許與鎧甲相比，他們更願意相信自己的技藝和體能。（店員）

●可以折疊的頭盔和軀幹甲，木製塗漆而成。重量極輕。

飛鏢（手裡劍）
SHURIKEN

一說到忍者，就絕對少不了飛鏢。我們也曾經幻想著忍者們投擲飛鏢的樣子來模仿他們，卻完全學不來。看來沒經過刻苦修行是不可能投得好的。飛鏢作為武器雖然威力不大，但塗上毒藥後也一樣可以殺死敵人。（不正經的店員）

❶
〈實物大小〉

❷

●用點對稱或線對稱形狀的鐵板製成的飛鏢，比較便於投擲。
①十字飛鏢
②四角飛鏢
③八角飛鏢
④卍（萬）字飛鏢
⑤三角飛鏢

❸

❹

❺

●飛鏢的握持方法，因流派不同而多種多樣。

●棒狀飛鏢。要想在投擲時能順利刺入，必須掌握相當高的技術。有時也會握在手裡用於刺殺。

〈實物大小〉

●飛鏢裝在衣服上的暗兜裡，在有敵人追擊等情況下，作為偷襲使用。在用於暗殺時，會在鋒刃塗上毒藥。

Ninja

●鐵蒺藜。當對手追上來時，會因踩到它而弄傷腳。有時也會代替飛鏢扔出去。竹菱角要扎在地面上使用。
①竹製的鐵蒺藜
②真的菱角製成的鐵蒺藜
③鐵蒺藜

❶

❷

③

暗門

在日本，到現在還保留著忍者居住的房屋，叫做忍者屋敷。那裡還殘留著當敵人攻入時使用的陷阱，和逃脫出口等各種設施。暗門就是其中之一。看起來毫無異常的牆壁可以突然打開，成為出口。

在這裡展示的這道門，其實真的是本店的出口。被對手追殺而來的客人，可以通過它迅速逃離。追您的人做夢也想不到您會從這裡逃走。（店主）

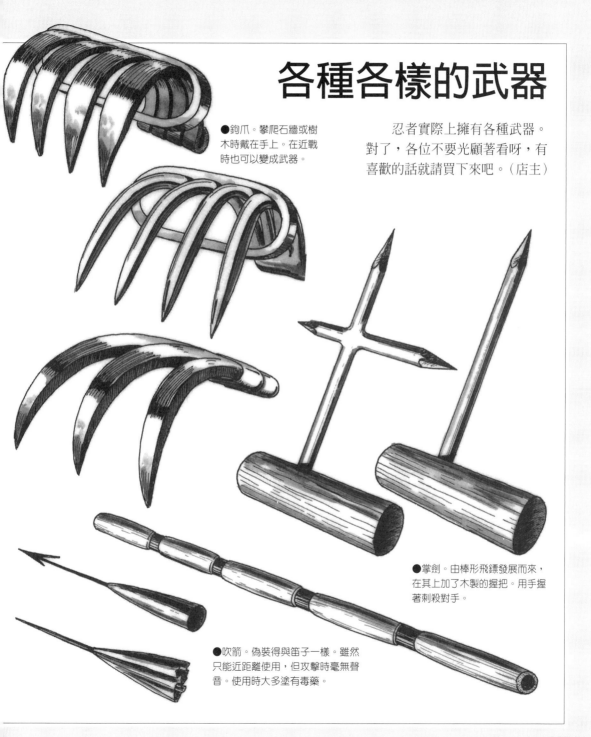

各種各樣的武器

●鉤爪。攀爬石牆或樹木時戴在手上。在近戰時也可以變成武器。

忍者實際上擁有各種武器。對了，各位不要光顧著看呀，有喜歡的話就請買下來吧。（店主）

●掌劍。由棒形飛鏢發展而來，在其上加了木製的握把。用手握著刺殺對手。

●吹箭。偽裝得與笛子一樣。雖然只能近距離使用，但攻擊時毫無聲音。使用時大多塗有毒藥。

FLOOR
6

異族戰士
WARRIOR

下面要領大家去的樓層裡，

收集了與西洋文化不同的人們製作的武器和防具。

看著這些戰士模樣的模特兒假人，

也許會認為他們是樣子奇怪的未開化之士，

不過，我卻認為他們是具有驚人勇氣與強韌肉體的戰士模範。

這個樓層的每一件東西，都是製工精湛的純手工藝品。

有的裝飾著金銀寶石，有的帶有精細的雕刻，

有的因羽毛和貝殼裝飾而色彩斑斕，有的則繪有美麗的圖案；

全都可算是價值高昂的美術品。

雖然有的並不實用，但我認為光是看看也非常值得。

當然，如果您有意購買，我們更是無比榮幸。

（店主）

Arms&Armor

武器／防具

有的地區沒有發現金屬，有的地區難以獲得金屬。在這樣的地方，人們長久以來把堅硬的木頭和動物骨頭當作製造武器的工具。雖然性能低劣，但由於木頭和骨頭易於雕刻，所以當它們刻上圖案後，就成了具有獨特風格的武器。

當然還有掌握金屬礦脈的地區。但是在沒能發現或引進最新的加工技術的地方，只能生產出脆弱的武器。

在這裡，可說並非要看它們的性能，而要看這些武器所帶有的風格。

防具雖然是為了在對敵時多少保護身體，但是在極端的地形或氣候下，基本上難以發展。在灼熱的陽光下穿著吸熱很快的沉重鐵甲，或者緊貼身體、透氣性差的防護服，既浪費體力，又限制動作。

所以尤其是在熱帶地區，除了盾牌，其他防具大都是用來顯示權威、恐嚇敵人的。實際上，與其利用防具保護身體，不如利用地形掩護，或者採取適當的戰術，以發揮從訓練和經驗中獲得的敏捷性。（店主）

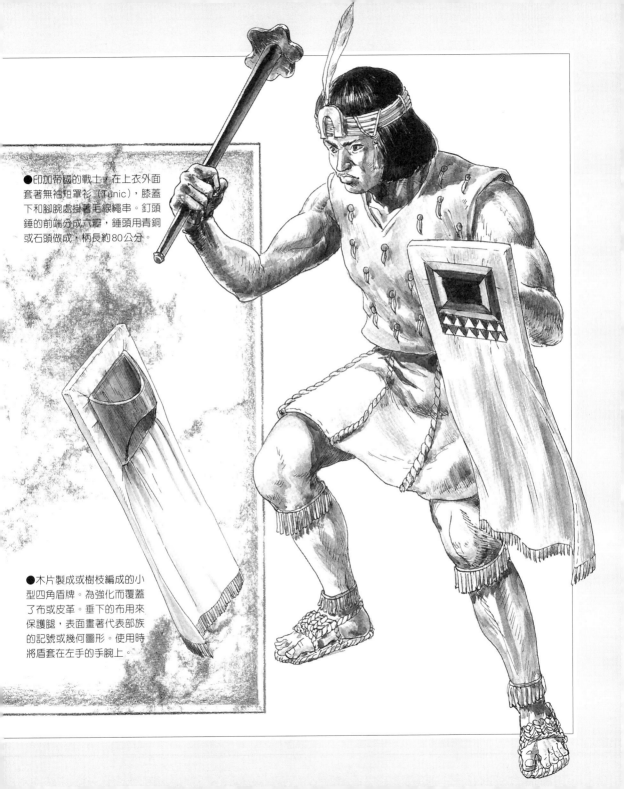

●印加帝國的戰士，在上衣外面套著無袖短罩衫（Tunic），膝蓋下和腳腕處掛著毛線繩串。釘頭錘的前端分成六瓣，錘頭用青銅或石頭做成，柄長約80公分。

●木片製成或樹枝編成的小型四角盾牌。為強化而覆蓋了布或皮革。垂下的布用來保護腿，表面畫著代表部族的記號或幾何圖形。使用時將盾套在左手的手腕上。

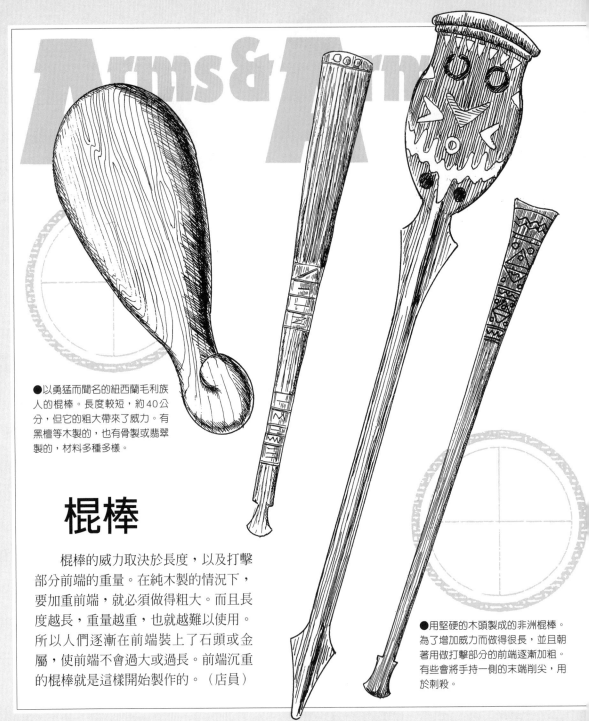

●以勇猛而聞名的紐西蘭毛利族人的棍棒。長度較短，約40公分，但它的粗大帶來了威力。有黑檀等木製的，也有骨製或翡翠製的，材料多種多樣。

棍棒

　　棍棒的威力取決於長度，以及打擊部分前端的重量。在純木製的情況下，要加重前端，就必須做得粗大。而且長度越長，重量越重，也就越難以使用。所以人們逐漸在前端裝上了石頭或金屬，使前端不會過大或過長。前端沉重的棍棒就是這樣開始製作的。（店員）

●用堅硬的木頭製成的非洲棍棒。為了增加威力而做得很長，並且朝著用做打擊部分的前端逐漸加粗。有些會將手持一側的末端削尖，用於刺殺。

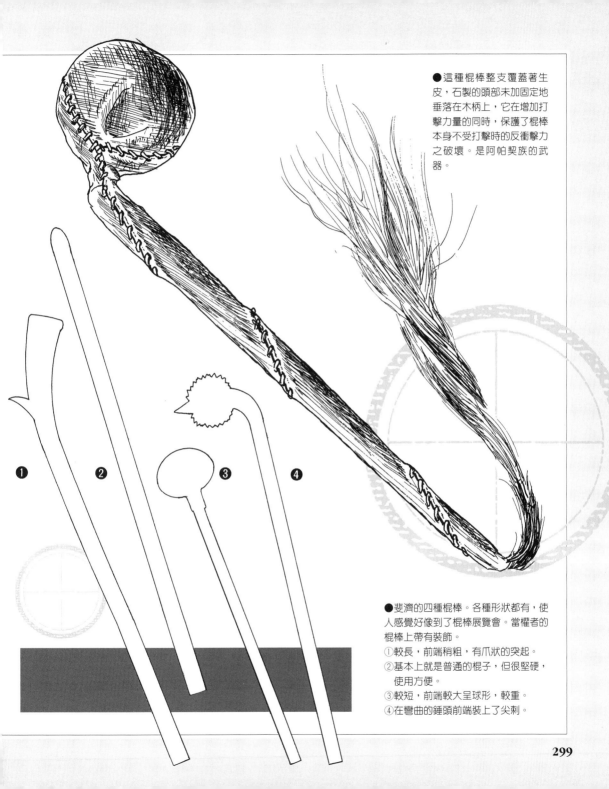

●這種棍棒整支覆蓋著生
皮，石製的頭部未加固定地
垂落在木柄上，它在增加打
擊力量的同時，保護了棍棒
本身不受打擊時的反衝擊力
之破壞。是阿帕契族的武
器。

●斐濟的四種棍棒。各種形狀都有，使
人感覺好像到了棍棒展覽會。當權者的
棍棒上帶有裝飾。
①較長，前端稍粗，有爪狀的突起。
②基本上就是普通的棍子，但很堅硬，
　使用方便。
③較短，前端較大呈球形，較重。
④在彎曲的錘頭前端裝上了尖刺。

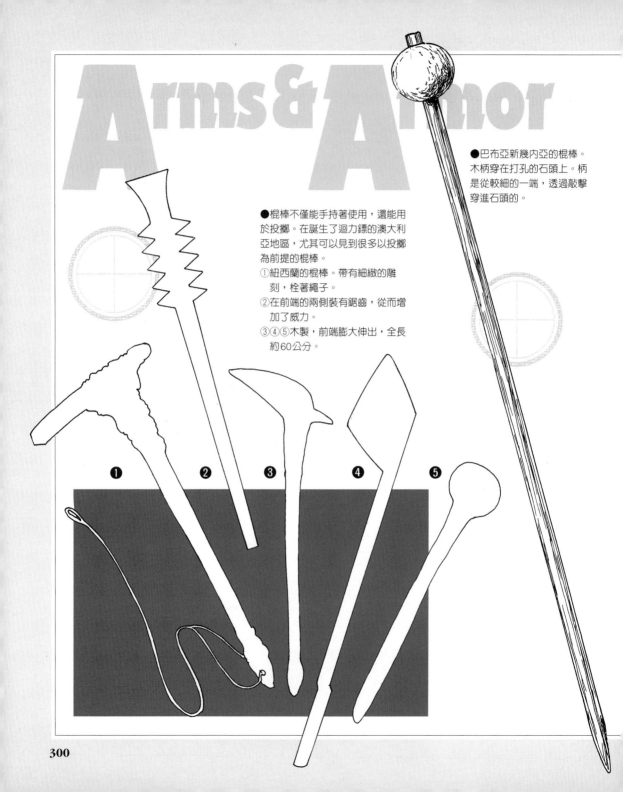

Arms&Amor

●巴布亞新幾內亞的棍棒。
木柄穿在打孔的石頭上。柄
是從較細的一端，透過敲擊
穿進石頭的。

●棍棒不僅能手持著使用，還能用
於投擲。在誕生了迴力鏢的澳大利
亞地區，尤其可以見到很多以投擲
為前提的棍棒。
①紐西蘭的棍棒。帶有細緻的雕
　刻，栓著繩子。
②在前端的兩側裝有鋸齒，從而增
　加了威力。
③④⑤木製，前端膨大伸出，全長
　約60公分。

❶　　❷　　❸　　❹　　❺

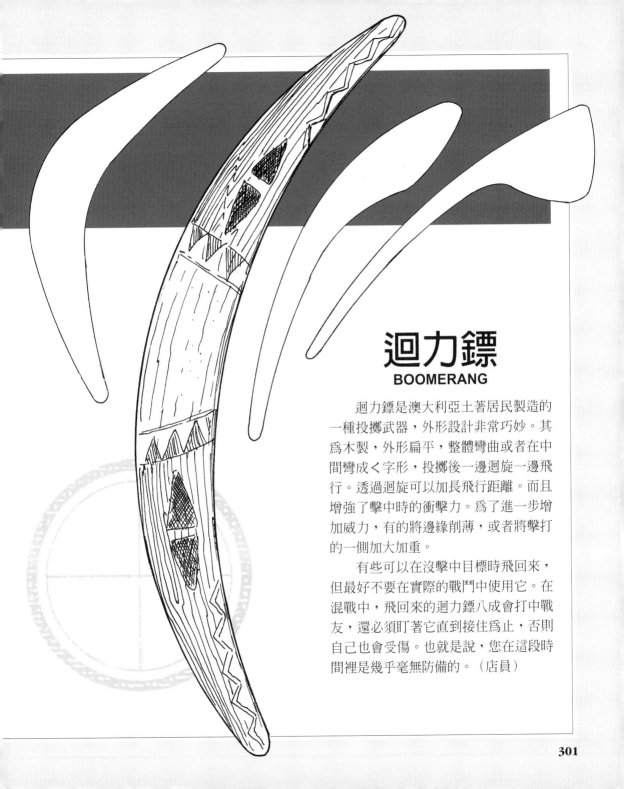

迴力鏢
BOOMERANG

迴力鏢是澳大利亞土著居民製造的一種投擲武器，外形設計非常巧妙。其為木製，外形扁平，整體彎曲或者在中間彎成〈字形，投擲後一邊迴旋一邊飛行。透過迴旋可以加長飛行距離。而且增強了擊中時的衝擊力。為了進一步增加威力，有的將邊緣削薄，或者將擊打的一側加大加重。

有些可以在沒擊中目標時飛回來，但最好不要在實際的戰鬥中使用它。在混戰中，飛回來的迴力鏢八成會打中戰友，還必須盯著它直到接住為止，否則自己也會受傷。也就是說，您在這段時間裡是幾乎毫無防備的。（店員）

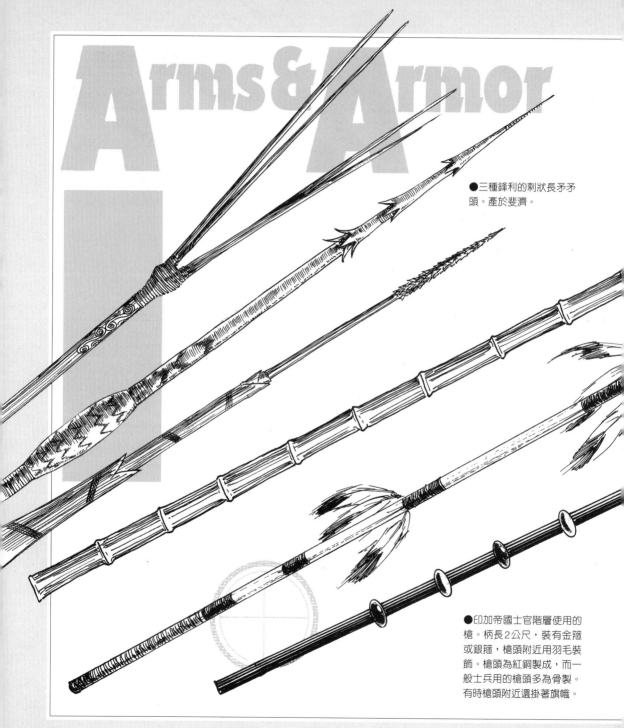

Arms&Armor

●三種鋒利的刺狀長矛矛頭。產於斐濟。

●印加帝國士官階層使用的槍。柄長2公尺，裝有金箍或銀箍，槍頭附近用羽毛裝飾。槍頭為紅銅製成，而一般士兵用的槍頭多為骨製。有時槍頭附近還掛著旗幟。

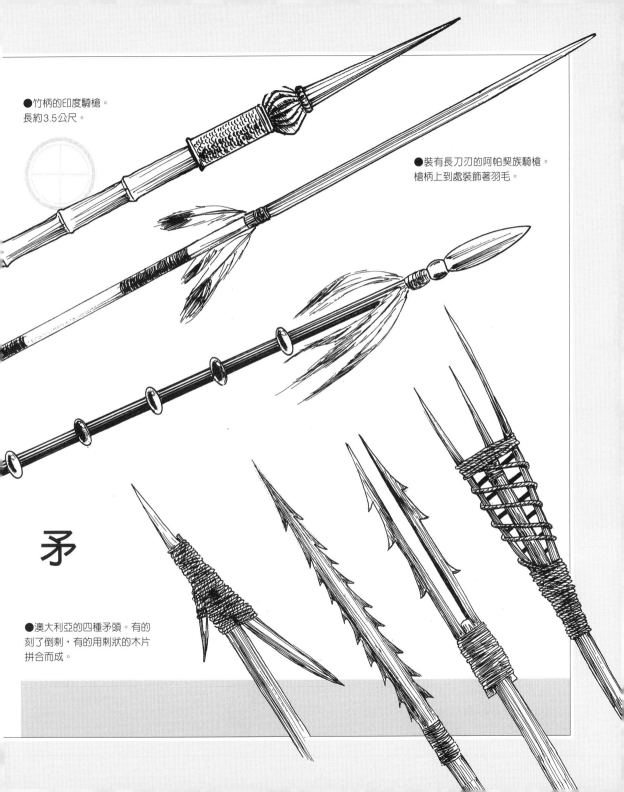

●竹柄的印度騎槍。
長約3.5公尺。

●裝有長刀刃的阿帕契族騎槍。
槍柄上到處裝飾著羽毛。

矛

●澳大利亞的四種矛頭。有的
刻了倒刺,有的用刺狀的木片
拼合而成。

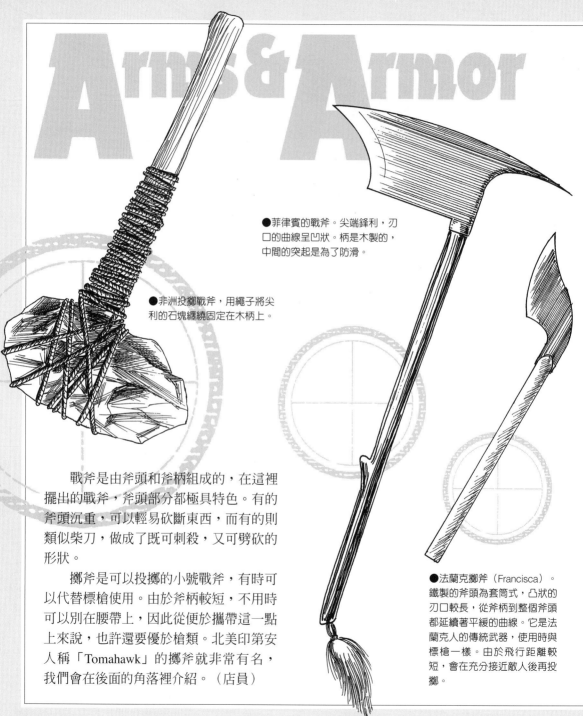

Arms&Armor

●菲律賓的戰斧。尖端鋒利，刃口的曲線呈凹狀。柄是木製的，中間的突起是為了防滑。

●非洲投擲戰斧，用繩子將尖利的石塊纏繞固定在木柄上。

　　戰斧是由斧頭和斧柄組成的，在這裡擺出的戰斧，斧頭部分都極具特色。有的斧頭沉重，可以輕易砍斷東西，而有的則類似柴刀，做成了既可刺殺，又可劈砍的形狀。

　　擲斧是可以投擲的小號戰斧，有時可以代替標槍使用。由於斧柄較短，不用時可以別在腰帶上，因此從便於攜帶這一點上來說，也許還要優於槍類。北美印第安人稱「Tomahawk」的擲斧就非常有名，我們會在後面的角落裡介紹。（店員）

●法蘭克擲斧（Francisca）。鐵製的斧頭為套筒式，凸狀的刃口較長，從斧柄到整個斧頭都延續著平緩的曲線。它是法蘭克人的傳統武器，使用時與標槍一樣。由於飛行距離較短，會在充分接近敵人後再投擲。

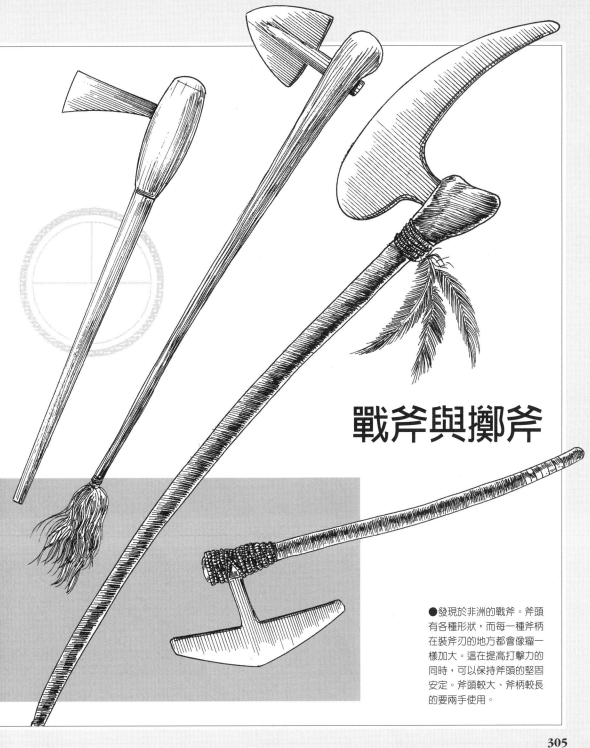

戰斧與擲斧

●發現於非洲的戰斧。斧頭
有各種形狀，而每一種斧柄
在裝斧刃的地方都會像瘤一
樣加大。這在提高打擊力的
同時，可以保持斧頭的堅固
安定。斧頭較大、斧柄較長
的要兩手使用。

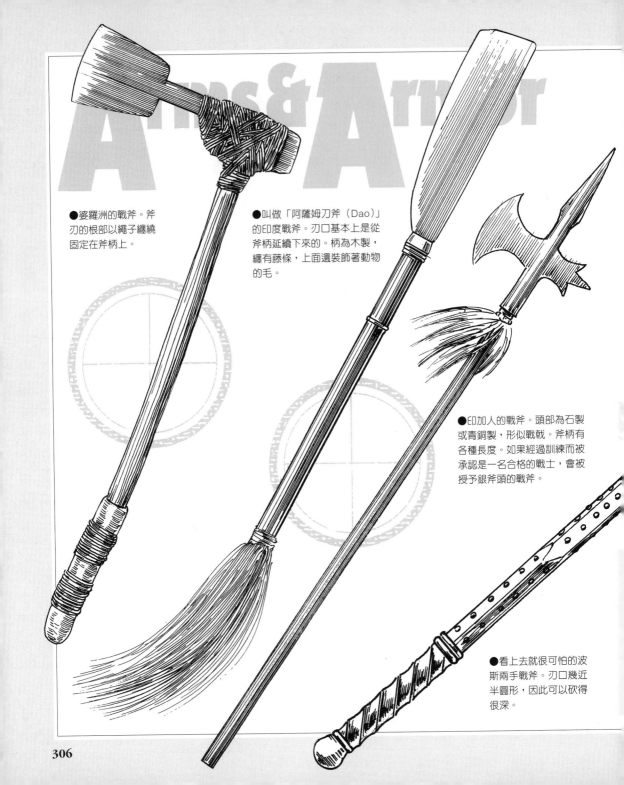

●婆羅洲的戰斧。斧
刃的根部以繩子纏繞
固定在斧柄上。

●叫做「阿薩姆刀斧（Dao）」
的印度戰斧。刃口基本上是從
斧柄延續下來的。柄為木製，
纏有藤條，上面還裝飾著動物
的毛。

●印加人的戰斧。頭部為石製
或青銅製，形似戰戟。斧柄有
各種長度。如果經過訓練而被
承認是一名合格的戰士，會被
授予銀斧頭的戰斧。

●看上去就很可怕的波
斯兩手戰斧。刃口幾近
半圓形，因此可以砍得
很深。

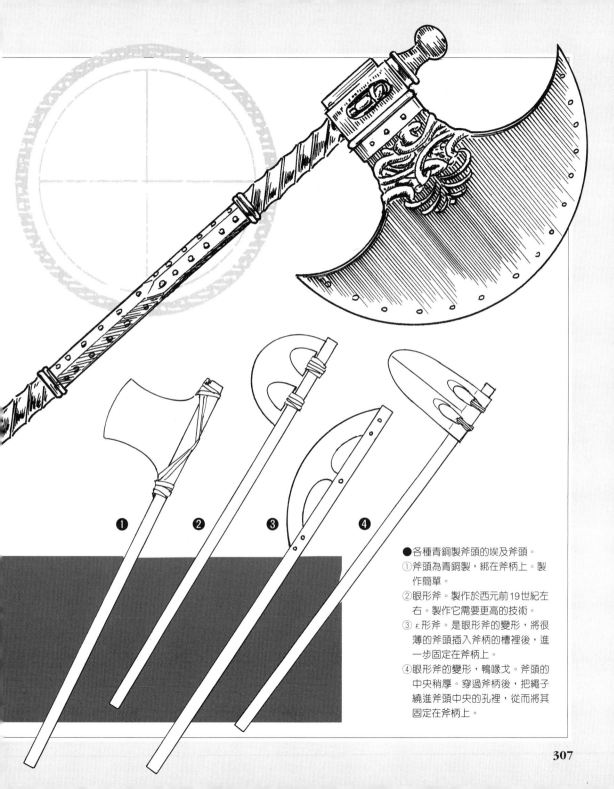

●各種青銅製斧頭的埃及斧頭。
①斧頭為青銅製,綁在斧柄上。製作簡單。
②眼形斧。製作於西元前19世紀左右。製作它需要更高的技術。
③ε形斧。是眼形斧的變形,將很薄的斧頭插入斧柄的槽裡後,進一步固定在斧柄上。
④眼形斧的變形,鴨喙戈。斧頭的中央稍厚。穿過斧柄後,把繩子繞進斧頭中央的孔裡,從而將其固定在斧柄上。

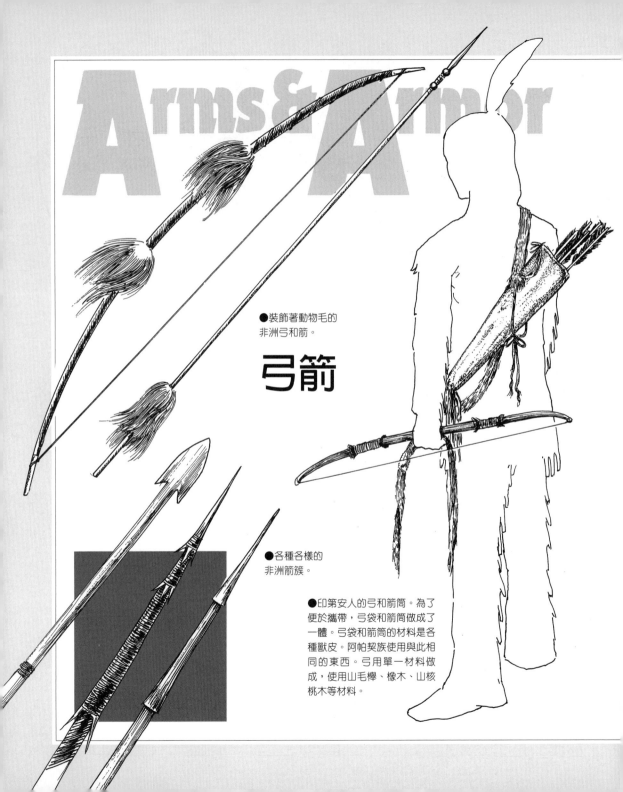

弓箭

●裝飾著動物毛的
非洲弓和箭。

●各種各樣的
非洲箭簇。

●印第安人的弓和箭筒。為了
便於攜帶,弓袋和箭筒做成了
一體。弓袋和箭筒的材料是各
種獸皮。阿帕契族使用與此相
同的東西。弓用單一材料做
成,使用山毛櫸、橡木、山核
桃木等材料。

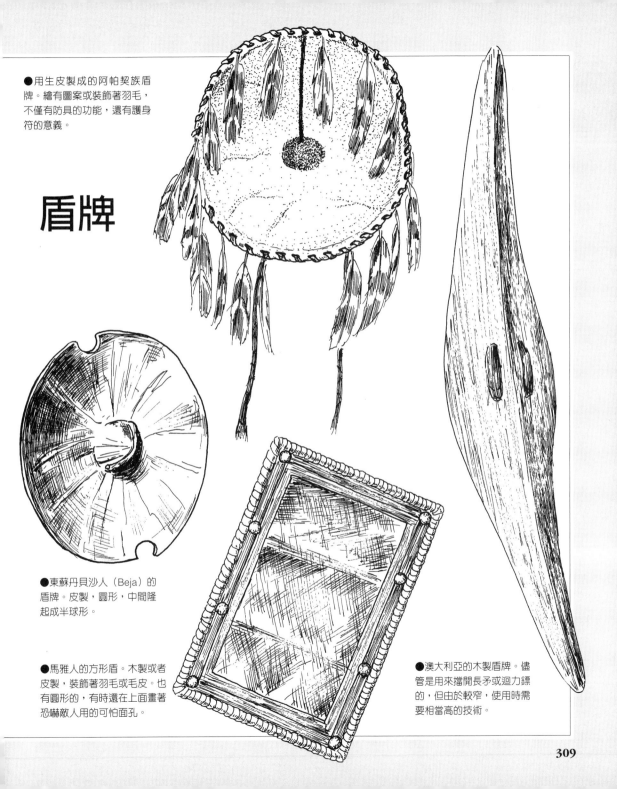

●用生皮製成的阿帕契族盾
牌。繪有圖案或裝飾著羽毛，
不僅有防具的功能，還有護身
符的意義。

盾牌

●東蘇丹貝沙人（Beja）的
盾牌。皮製，圓形，中間隆
起成半球形。

●馬雅人的方形盾。木製或者
皮製，裝飾著羽毛或毛皮。也
有圓形的，有時還在上面畫著
恐嚇敵人用的可怕面孔。

●澳大利亞的木製盾牌。儘
管是用來擋開長矛或迴力鏢
的，但由於較窄，使用時需
要相當高的技術。

克爾特人

下面要領大家看的，是與西洋式武器、防具不同的，具有鮮明民族特色的武器和防具。

首先來介紹一下克爾特人的武器和防具。

克爾特人勇猛驃悍，曾令羅馬人恐懼受怕。在殘存的羅馬史料中，他們被描寫為野蠻人，從中正好可以看出羅馬人對他們的恐懼程度。但在凱撒率兵征服了高盧的克爾特人之後，他們被羅馬同化，成為高盧·羅馬人。於是和其他被征服的民族一樣，他們也喪失了獨特的克爾特圖案等獨立文化與習慣。

克爾特人使用鐵製武器，在裝飾時也使用青銅。直到西元前3世紀左右都還沒有類似鎧甲的東西，令人震驚的是，戰士中甚至有人憑著勇猛之心全裸上陣。主要只有劍、槍，以及盾牌等簡單的裝備。（店主）

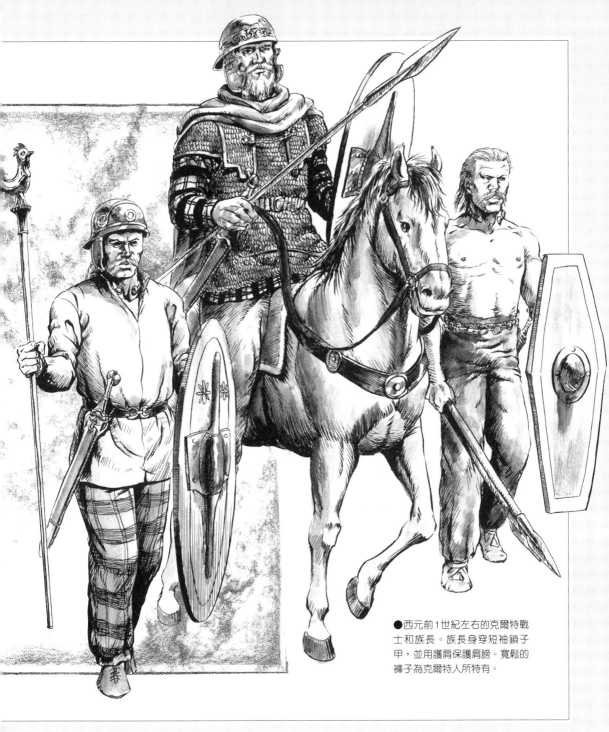

●西元前1世紀左右的克爾特戰
士和族長。族長身穿短袖鎖子
甲，並用護肩保護肩膀。寬鬆的
褲子為克爾特人所特有。

Celt

●青銅製的帶角頭盔。是戰鬥時使用的，畫有螺旋形圖案。

●為保護後腦而裝了帽檐的頭盔。戴時用皮繩繫住。青銅製（西元前4世紀左右）。

頭盔

●一圈都有帽檐的頭盔。後部的帽檐變寬。盔頂較深，裝有護頰（西元前1世紀）。

●在法國的拉高梅列（La Gorge-Meillet）出土的青銅頭盔。有可能是族長之物。

●裝有巨大護頸的青銅製圓錐形頭盔（西元前2世紀左右）。

●裝有護頰的青銅頭盔。襯裡上的護頰為皮製或布製（西元前1世紀左右）。

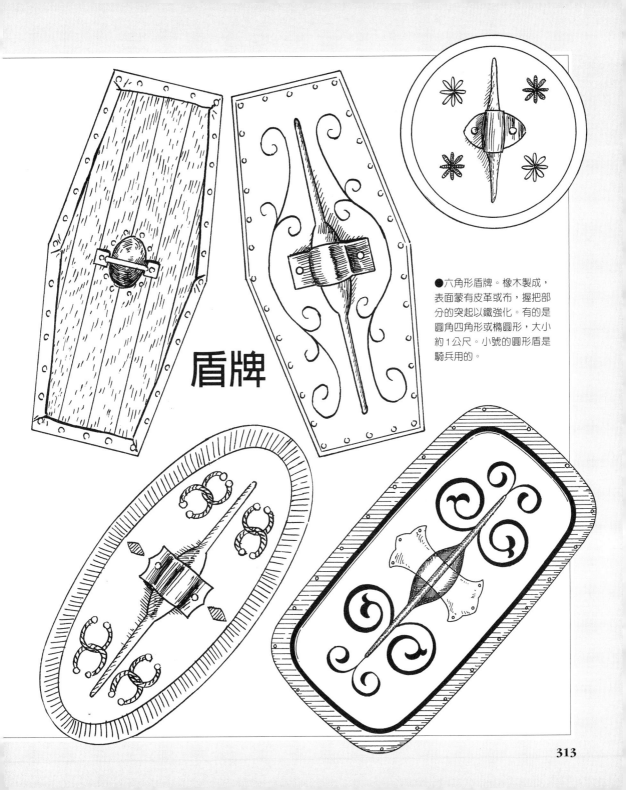

盾牌

●六角形盾牌。橡木製成，
表面蒙有皮革或布，握把部
分的突起以鐵強化。有的是
圓角四角形或橢圓形，大小
約1公尺。小號的圓形盾是
騎兵用的。

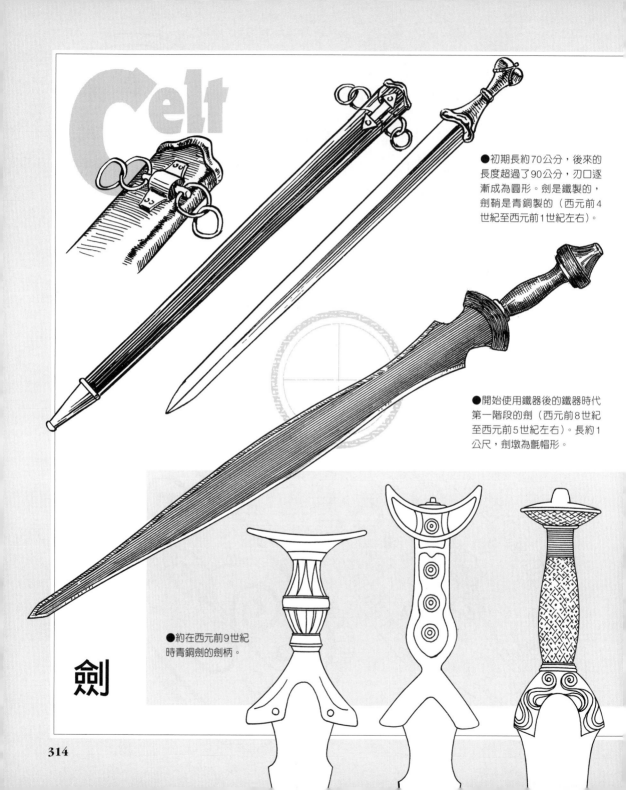

Celt

●初期長約70公分，後來的長度超過了90公分，刃口逐漸成為圓形。劍是鐵製的，劍鞘是青銅製的（西元前4世紀至西元前1世紀左右）。

●開始使用鐵器後的鐵器時代第一階段的劍（西元前8世紀至西元前5世紀左右）。長約1公尺，劍墩為氈帽形。

●約在西元前9世紀時青銅劍的劍柄。

劍

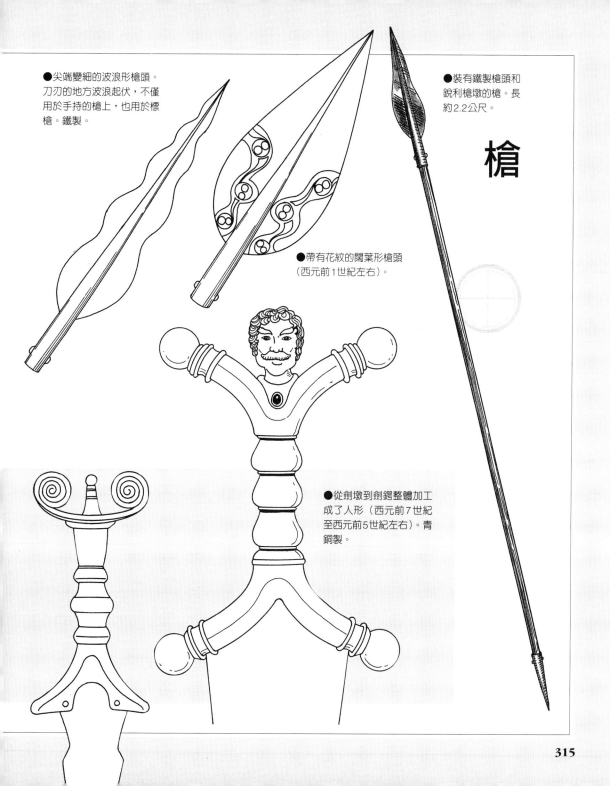

●尖端變細的波浪形槍頭。刀刃的地方波浪起伏，不僅用於手持的槍上，也用於標槍。鐵製。

●裝有鐵製槍頭和銳利槍墩的槍。長約2.2公尺。

槍

●帶有花紋的闊葉形槍頭（西元前1世紀左右）。

●從劍墩到劍鍔整體加工成了人形（西元前7世紀至西元前5世紀左右）。青銅製。

Viking

維京人

從8世紀末到11世紀中葉的大約250年間,曾有一群野蠻人反覆蹂躪著西歐。他們就是斯堪地納維亞的維京人。

說他們野蠻,這是出於被襲擊的西歐人的立場。實際上他們也擁有自己獨立的文化。但由於不是基督教徒,所以才被西歐人當作野蠻人。他們曾經襲擊毫無防備的修道院,搶走裡面的寶物。他們不畏死亡,神出鬼沒地在船隻所到之處進行掠奪。於是在西歐人的紀錄中,他們便被當作了恐懼與憎惡的對象。

維京人裝備的特點是,圓形的大盾牌、戰斧,還有叫做「Viking Sword」的重型劍。在槍頭上可見獨特的圖案,劍的劍墩上還裝飾著掠奪來的金銀。(店主)

●約在西元6世紀中期至9世紀初（前維京時代）的戰士。當時斯堪地納維亞的人們還沒有開始蜂擁加入維京式海盜活動。為保護眼睛和鼻子，頭盔上裝有眼鏡似的防護板，頭盔下部一圈都圍著編織的鎖鏈

317

頭盔

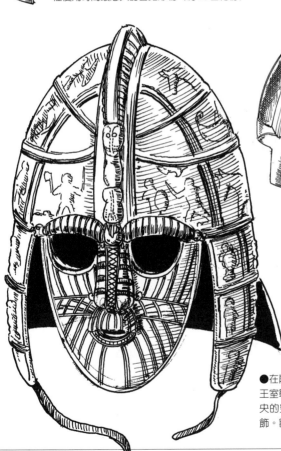

在虛構的世界中，維京人的頭盔上都裝有水牛一樣的角。實際戰鬥中好像並不存在那樣的頭盔。最早維京人確實有過這種長著角的頭盔，那不過是在儀式中使用的頭盔上，安了兩根水管般的犄角。這頭盔上的巨大犄角雖然顯得很厲害，卻只有威嚇效果。實際戰鬥中最好不要使用。作戰時，會被對方抓住犄角的。（店主）

●用一整塊鐵板打製出來的頭盔。它成了在歐洲歷史裡使用時間最悠久的圓錐形物（約10世紀初）。

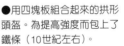

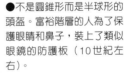

●用四塊板組合起來的拱形頭盔。為提高強度而包上了鐵條（10世紀左右）。

●不是圓錐形而是半球形的頭盔。富裕階層的人為了保護眼睛和鼻子，裝上了類似眼鏡的防護板（10世紀左右）。

●在薩頓胡（Sutton Hoo）遺址發現的頭盔。如此豪華，想必是王室戰士使用的東西。護面如同人臉，護耳、護頸俱全。頭部中央的突起有蛇形或龍形裝飾，鼻子、眉毛、髭鬚處可見鳥形裝飾。額頭上還有兩隻相對著合在一起（6世紀至7世紀左右）。

戰斧

戰斧是維京人所喜愛的武器。斧頭又大又重，使鎖子甲失去了作用。是可給人或馬匹造成致命傷的可怕武器。對付持盾牌的對手時，與其擊打盾牌，不如朝著沒有盾牌的一側（您的左側）掄過去。（店主）

●這叫做顎髭斧。斧頭的下側像山羊鬍子一樣垂了下來。斧刃上下長達20公分，適合在海戰中鉤住船舷。

●手斧（Hand Axe）。為了單手揮動，使用了小型的斧頭和較短的柄。

●闊刃斧（Broad Axe）。刃長30至45公分。裝有1.25至1.5公尺長的斧柄，可以兩手使用。約10世紀末開始普及，後來成為一般裝備。

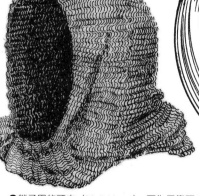

●鎖子甲的頭巾（Mail Hood）。因為只靠頭巾無法承受武器的直接打擊，所以應該還會在上面戴上鐵製的頭盔。最初是富裕者用品，後來逐漸一般化了（9世紀左右）。

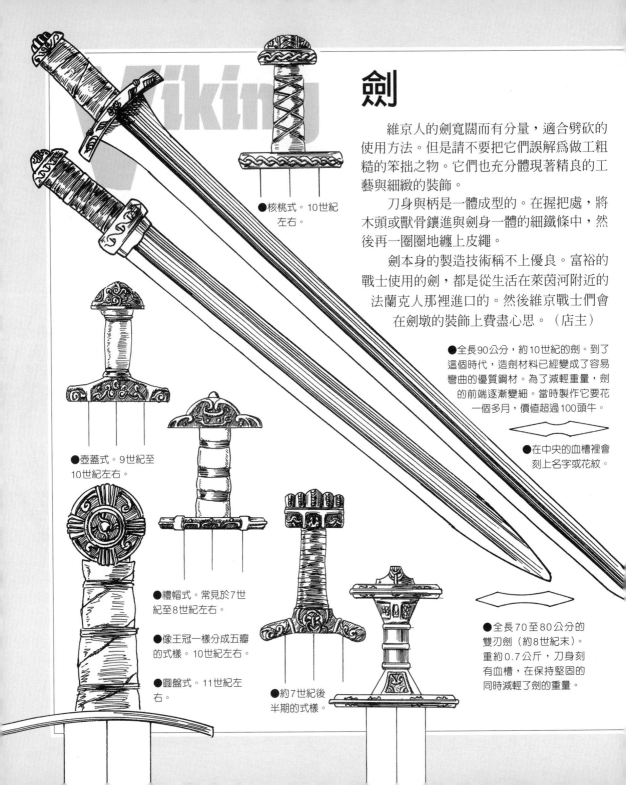

劍

維京人的劍寬闊而有分量，適合劈砍的使用方法。但是請不要把它們誤解為做工粗糙的笨拙之物。它們也充分體現著精良的工藝與細緻的裝飾。

刀身與柄是一體成型的。在握把處，將木頭或獸骨鑲進與劍身一體的細鐵條中，然後再一圈圈地纏上皮繩。

劍本身的製造技術稱不上優良。富裕的戰士使用的劍，都是從生活在萊茵河附近的法蘭克人那裡進口的。然後維京戰士們會在劍墩的裝飾上費盡心思。（店主）

●核桃式。10世紀左右。

●全長90公分，約10世紀的劍。到了這個時代，造劍材料已經變成了容易彎曲的優質鋼材。為了減輕重量，劍的前端逐漸變細。當時製作它要花一個多月，價值超過100頭牛。

●在中央的血槽裡會刻上名字或花紋。

●壺蓋式。9世紀至10世紀左右。

●禮帽式。常見於7世紀至8世紀左右。

●像王冠一樣分成五瓣的式樣。10世紀左右。

●圓盤式。11世紀左右。

●約7世紀後半期的式樣。

●全長70至80公分的雙刃劍（約8世紀末）。重約0.7公斤，刀身刻有血槽，在保持堅固的同時減輕了劍的重量。

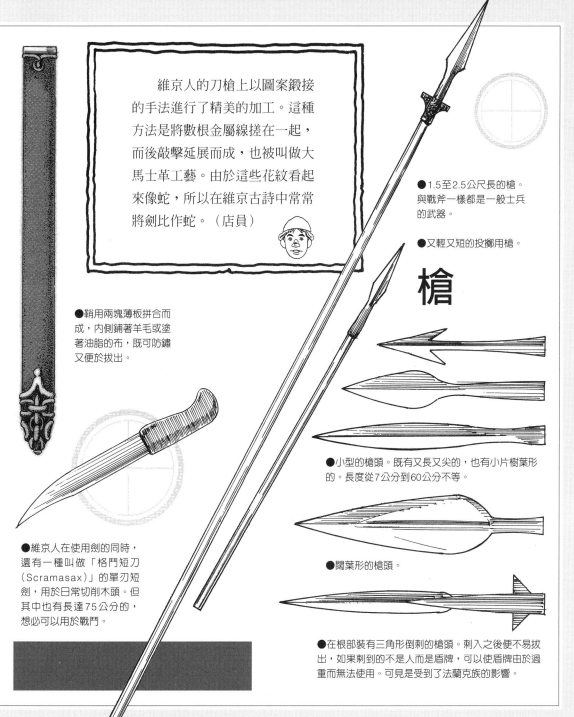

維京人的刀槍上以圖案鍛接的手法進行了精美的加工。這種方法是將數根金屬線搓在一起，而後敲擊延展而成，也被叫做大馬士革工藝。由於這些花紋看起來像蛇，所以在維京古詩中常常將劍比作蛇。（店員）

●鞘用兩塊薄板拼合而成，內側鋪著羊毛或塗著油脂的布，既可防鏽又便於拔出。

●維京人在使用劍的同時，還有一種叫做「格鬥短刀（Scramasax）」的單刃短劍，用於日常切削木頭。但其中也有長達75公分的，想必可以用於戰鬥。

●1.5至2.5公尺長的槍。與戰斧一樣都是一般士兵的武器。

●又輕又短的投擲用槍。

槍

●小型的槍頭。既有又長又尖的，也有小片樹葉形的。長度從7公分到60公分不等。

●闊葉形的槍頭。

●在根部裝有三角形倒刺的槍頭。刺入之後便不易拔出，如果刺到的不是人而是盾牌，可以使盾牌由於過重而無法使用。可見是受到了法蘭克族的影響。

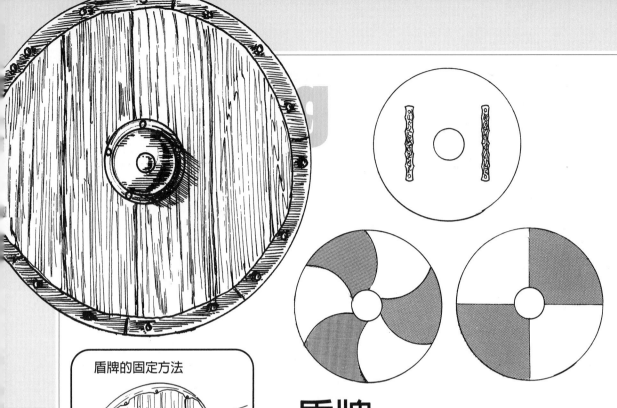

盾牌

　　特點是大型的圓盾。直徑從30公分到100公分不等，使用最多的是60公分左右的。大號盾牌一般厚約3公分。中央挖了一個洞，用來安裝把手。洞的正面安有一個半球形的鐵蓋。

　　盾牌表面畫有各種花紋，用來分清敵我。（店主）

盾牌的固定方法

●維京人之所以能大顯神威，不光是由於奮不顧身的勇氣，更主要是維京大船（Viking Ship）的作用。他們憑著這種吃水很淺的獨特船隻上溯河流，登陸後便像暴風雨一樣席捲大地。盾牌固定在船舷上，節省了船內空間。盾牌上面的圖案象徵著部族，還可以起到遮擋浪花的作用。

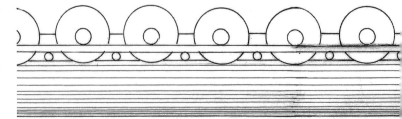

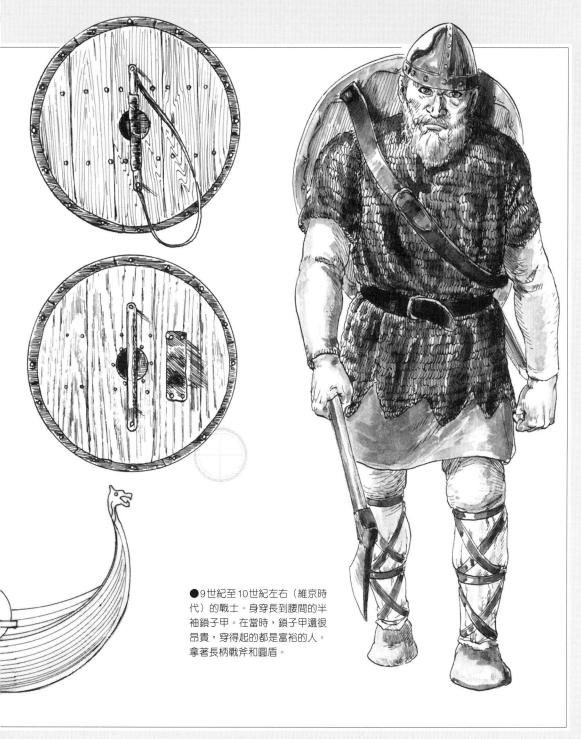

●9世紀至10世紀左右（維京時代）的戰士。身穿長到腰間的半袖鎖子甲。在當時，鎖子甲還很昂貴，穿得起的都是富裕的人。拿著長柄戰斧和圓盾。

Zulu

祖魯族

　　祖魯族是居住在南非的勇猛種族。15世紀末期好望角新航路開闢以來，人們開始逐漸瞭解他們的情況。但他們直到19世紀初才開始與歐洲人有實質性的接觸，因而得以保持獨特的文化。

　　祖魯族的戰鬥體制具有相當嚴密的組織，並根據年齡和能力分成小組。祖魯族的所有男子基本上都是獵人兼戰士。

　　他們武器和防具的主要材料是木頭和皮革，在防具上，除了盾牌以外，基本上什麼也不用。也許這是由於氣候溫暖，也爲了保持在長期狩獵中練就的天性般的敏捷性。而且，這富有彈性的肌肉不也是難得的鎧甲嗎？這是最令人羨慕的呀……不過……咳咳（假裝咳嗽）。（店主）

●祖魯族戰士。在盾牌內側拿著兩根標槍和一根刺殺用的短槍，右手還拿著棍棒。在胸、背、雙臂和腿肚上都掛著牛腿毛。頭飾用毛皮和羽毛做成，用來表示功勞和身份。

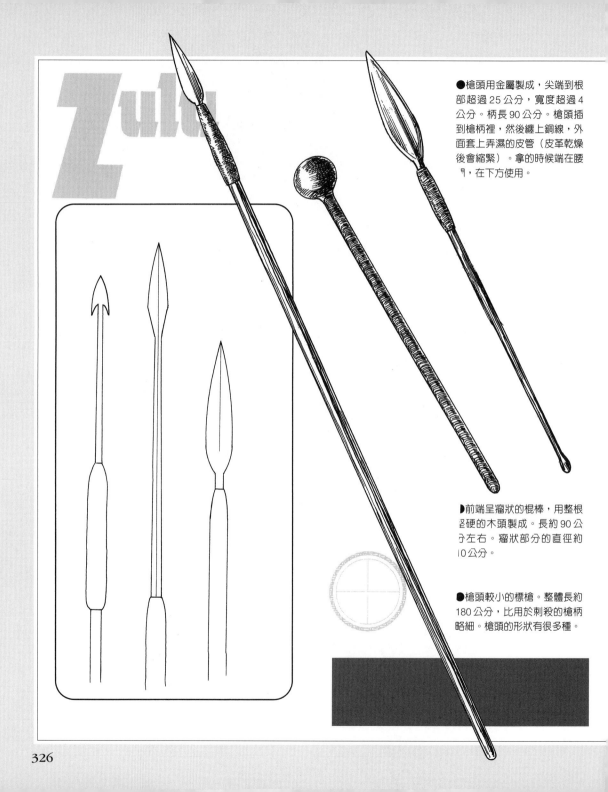

Zulu

●槍頭用金屬製成，尖端到根部超過25公分，寬度超過4公分。柄長90公分。槍頭插到槍柄裡，然後纏上銅線，外面套上弄濕的皮管（皮革乾燥後會縮緊）。拿的時候端在腰間，在下方使用。

◗前端呈瘤狀的棍棒，用整根堅硬的木頭製成。長約90公分左右。瘤狀部分的直徑約10公分。

●槍頭較小的標槍。整體長約180公分，比用於刺殺的槍柄略細。槍頭的形狀有很多種。

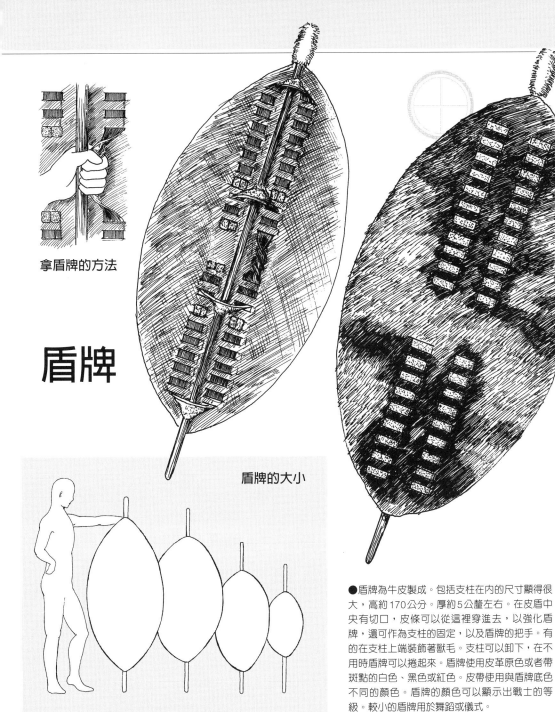

拿盾牌的方法

盾牌

盾牌的大小

●盾牌為牛皮製成。包括支柱在內的尺寸顯得很大，高約170公分。厚約5公釐左右。在皮盾中央有切口，皮條可以從這裡穿進去，以強化盾牌，還可作為支柱的固定，以及盾牌的把手。有的在支柱上端裝飾著獸毛。支柱可以卸下，在不用時盾牌可以捲起來。盾牌使用皮革原色或者帶斑點的白色、黑色或紅色。皮帶使用與盾牌底色不同的顏色。盾牌的顏色可以顯示出戰士的等級。較小的盾牌用於舞蹈或儀式。

1ndian

美洲印第安人

　　1492年，美洲這塊新大陸被發現，而後西歐諸國不斷將其殖民地化，但那裡當然還有早先的居民。由於發現者哥倫布把美洲誤認為是印度，所以把他們叫做印度居民，即印第安人。北美各地生活著許多印第安部族，他們的風俗習慣多種多樣，使用超過50種語言。

　　印第安人的戰鬥裝備上，很多地方都體現著超自然的力量。他們在臉上和身體畫上圖案，並在戰鬥前舉行儀式，用以提高氣勢和集中精神。而且在身上和武器上還常常帶著護身符。

　　他們實質上的裝備很少，整套裝備只包括弓箭、棍棒，還有叫做『Tomahawk』的擲斧。

　　他們在17世紀透過交易獲得火槍前，所有的武器基本上都是木製的，弓箭是使用最廣的武器。

　　順便說明一下，有一些擲斧上還裝了煙斗，對於愛抽煙的客人是再適合不過的了。（店主）

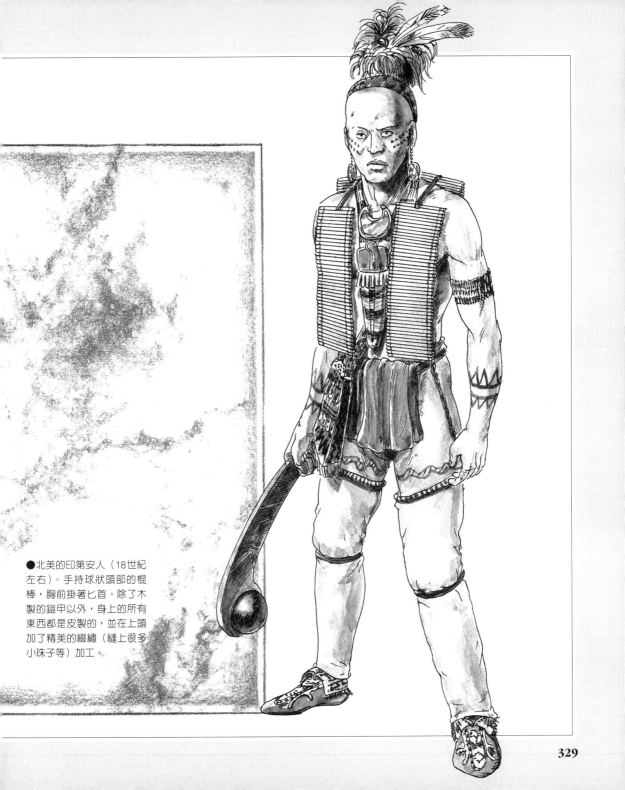

●北美的印第安人（18世紀左右）。手持球狀頭部的棍棒，胸前掛著匕首。除了木製的鎧甲以外，身上的所有東西都是皮製的，並在上頭加了精美的綴繡（縫上很多小珠子等）加工。

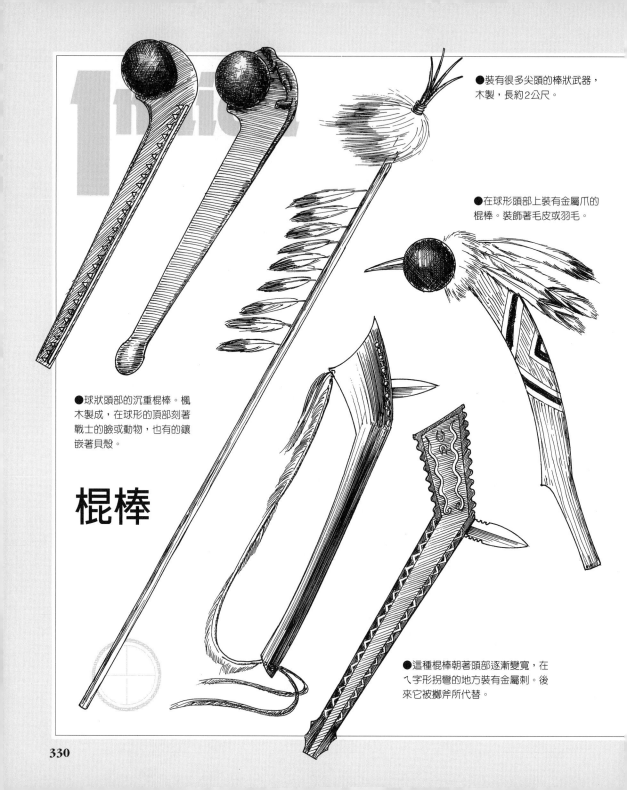

●裝有很多尖頭的棒狀武器，木製，長約2公尺。

●在球形頭部上裝有金屬爪的棍棒。裝飾著毛皮或羽毛。

●球狀頭部的沉重棍棒。楓木製成，在球形的頂部刻著戰士的臉或動物，也有的鑲嵌著貝殼。

棍棒

●這種棍棒朝著頭部逐漸變寬，在ㄟ字形拐彎的地方裝有金屬刺。後來它被擲斧所代替。

擲斧
TOMAHAWK

●叫做「印第安戰斧」的擲斧。有的還裝有煙斗。它既是工具又是武器，與印第安人的生活密切相關。

●受到歐洲影響，約19世紀的印第安人。拿著木製的單弓和裝有煙斗的擲斧。他們透過交易而獲得了金屬。

331

Aztec

阿茲提克人

　　居住在中美洲高原的阿茲提克人是沒有鐵武器地區的代表，在這個角落我們就來介紹他們的裝備。

　　阿茲提克人在12世紀左右開始擴張勢力，14世紀建立了王國後曾經一度繁榮。但在15世紀末，隨著新航路的開闢，西班牙征服者蜂擁而至。侵略者們為了獲得榮譽和貴金屬，騎著馬、高舉著金屬武器和基督教，迅速地推進著殖民地化。他們把原來的居民看作野蠻人，1520年征服了阿茲提克王國，1532年征服了祕魯的印加帝國，最終將整個中美和南美都變成了自己的領土。

　　與西班牙人相比，阿茲提克人的裝備性能低劣，武器刃口上大多裝著黑曜石，雖然比鐵器還要鋒利，但由於容易破損，必須經常維修。而且他們的鎧甲也不過是用布塞上東西製成的。儘管如此，這身裝扮確實非常獨特。有的鎧甲還裝上毛皮、羽毛做成美洲虎或鷹鷲的樣子，看起來非常可怕。（店主）

●這件衣服上裝有毛皮和
羽毛，上下身連在一起，
軀幹處縫成格子。

●身披美洲虎皮的高級戰士。盾
牌上畫著各部族獨有的圖案。縫
成格子的護腿也只有高級戰士才
能享有。順便說明一下，戰士是
與神官、貴族並列的特權階級。

頭飾

●模仿各種動物頭部製成的頭飾。除了
頭盔的作用，還表示著等級和部族。

334

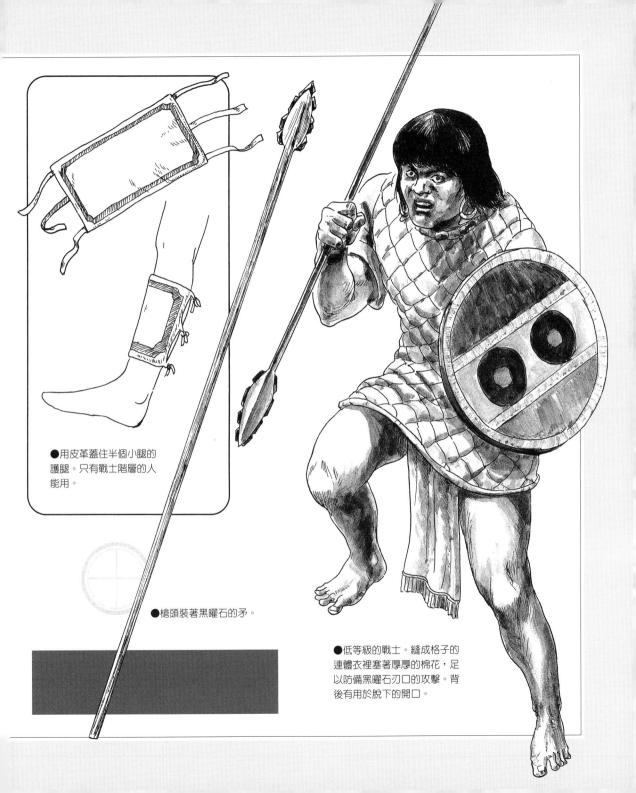

●用皮革蓋住半個小腿的護腿。只有戰士階層的人能用。

●槍頭裝著黑曜石的矛。

●低等級的戰士。縫成格子的連體衣裡塞著厚厚的棉花，足以防備黑曜石刃口的攻擊。背後有用於脫下的開口。

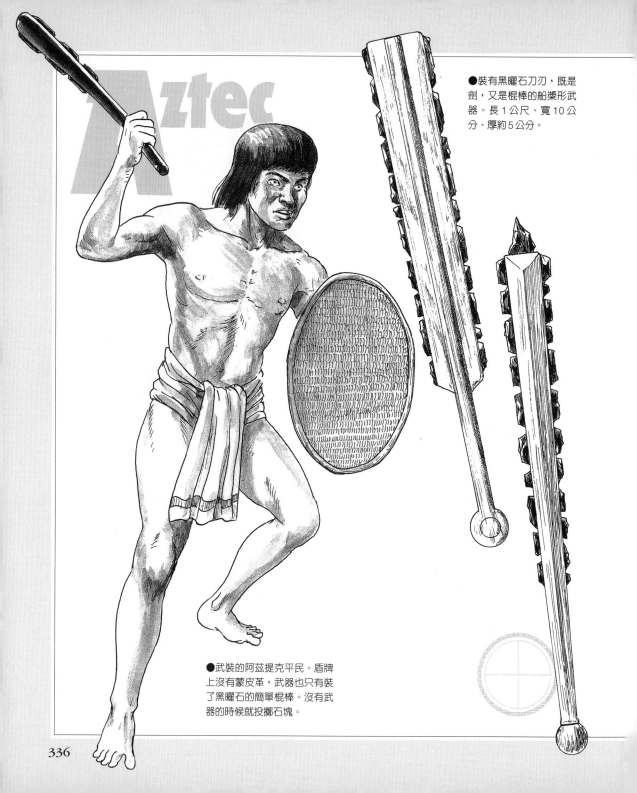

ztec

●裝有黑曜石刀刃，既是
劍，又是棍棒的船槳形武
器。長1公尺、寬10公
分、厚約5公分。

●武裝的阿茲提克平民。盾牌
上沒有蒙皮革，武器也只有裝
了黑曜石的簡單棍棒。沒有武
器的時候就投擲石塊。

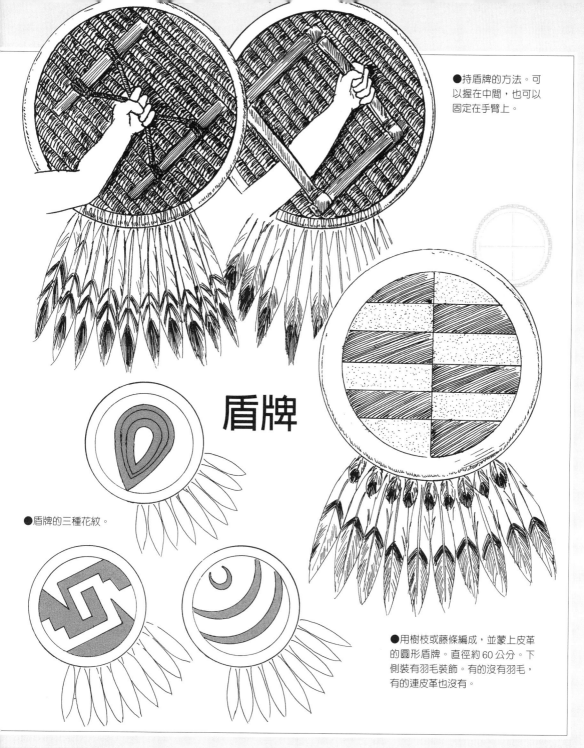

●持盾牌的方法。可
以握在中間，也可以
固定在手臂上。

盾牌

●盾牌的三種花紋。

●用樹枝或藤條編成，並蒙上皮革
的圓形盾牌。直徑約 60 公分。下
側裝有羽毛裝飾。有的沒有羽毛，
有的連皮革也沒有。

資料室

LIBRARY

參考文獻
Library

　　客人們覺得本作坊這六個樓層的製品怎麼樣呀？肯定有令各位喜歡的東西吧？這位客人買得這麼多，連拿都拿不動了，眞是太感謝您了。咦？那位客人是怎麼了，什麼都沒買嗎？什麼？想對武器和防具多些瞭解後再買嗎？您眞是熱愛研究呀。不過這的確是件好事。本店當然會爲這樣的客人們提供方便的。

　　在這間資料室裡，擺放著作爲產品製造參考資料的文獻。如果您想對我們生產的武器和防具有更多瞭解，或者想學到更多東西，就請您一定要好好利用它。（店主）

古代美索不達米亞

Armies of the Ancient Nera East 3,000 B.C.to 539 B.C.／
Nigel Stillman, Nigel Tallis／WRG.

The Art of Warfare in Biblical Lands／Yigael Yadin／
Weidenfeld and Nicolson

古代歐洲

伊利亞特／荷馬／岩波書店

奧德塞／荷馬／岩波書店

高盧戰記／凱撒／岩波書店

希臘神話／阿波羅多德／岩波書店

希臘神話／串田孫一／築摩書房

克爾特人／戈爾哈爾特.赫爾姆／河出書房新社

克爾特人的世界／T.G.E.皮埃爾／東京書籍

古希臘的市民戰士／安藤弘／三省堂

古代羅馬／大英博物館／同朋社出版

秦始皇兵馬俑／秦始皇兵馬俑博物館／香港大道文化
有限公司

戰爭史／休希底德／岩波書店

圖說都市世界史1－古代／來昂那多・貝奈波爾／
相模書房

歷史／希羅多德／岩波書店

羅馬人／《歷史.文化.社會》／博德斯頓／築摩書房

羅馬人的世界《社會與生活》／長轂川博隆／
岩波書店

《LIFE 人類世界史2》羅馬帝國／莫澤・哈德斯／
TIME

Arms and Armour of the Greeks／A.M.Snodgrass／
T & H

Farly Greek Armour and Weapons／A.M.Snodgrass／
Edinburgh University

The Elephant in the Greek and Roman World／
H.H.Scullard／T & H

E.M.I.－Serie, De Bello-02, Gil Eserciti Etrushci／Ivo
Fossati／E.M.I.

Roman Britain／T.W. Potter／British Museum

The Roman Soldier／G.R.Watson／
Cornell University Press

中世紀黑暗時代

亞瑟王／理查德・巴博／東京書籍

亞瑟之死（全譯本）／清水阿亞／海豚出版社

維京世界／杰克裡諾・欣普森／東京書籍

維京歷史／格林・瓊斯／恒文社

圖說維京歷史／B・阿姆格蘭／原書房

加文與亞瑟王傳說／池上忠弘／秀文國際

托裡斯坦傳說／佐藤輝夫／中央公論社

維京的世界／足澤良子／GYOSEI

《貝奧伍甫》研究／長轂川寬／成美堂

《奧伍甫》附《斯布魯克戰亂》片斷／長林盛譯／
吾妻書房

貝奧伍甫（改譯版）／大場啓藏譯／筱崎書林

羅蘭之歌與平家物語（前後）／佐藤輝夫／
中央公論社

羅蘭之歌・狐物語／築摩書房

Ancient Greek, Roman and Byzantine Costume and
Decoration／Mary G. Houston／Morrison & Gibb

The British／M.I. Ebbutt／Avenel books

Fionn mac Cumhaill Images of the Gaelic Hero／Daithi
Oh Ogain／G & M

Irish Myth, Legend, Folklore／W.B. Yeats, Lady Gregory
／Avenel books

The Legend of Roland in the Middle Ages 1, 2／Rita
Lejeune Jacques Stiennon／Phaidon

歐洲中世紀

新版英國・約曼研究／戶穀敏之／禦茶之水書房

騎士《理想與現實》／J.M.馮・溫特／東京書籍

騎士與甲冑／三浦權利／大陸書房

十字軍歷史／史蒂芬・萊西曼／河出書房新社

十字軍的男人們／來基諾.佩羅努／白水社

《visual 版世界歷史》大航海時代／曾田義郎／講談社

中世紀義大利商人世界／清水廣一郎／平凡社

中世紀騎士道事典／格蘭特・歐丹／原書房

在中世紀的街角／木村尚三郎／Graphic 社

中世紀之旅──騎士與城堡／海因裡希・普萊巴赫／
白水社

中世紀之旅──都市與庶民／海因裡希・普萊巴赫／
白水社

中世紀之旅──農民戰爭與雇傭兵／海因裡希・普萊
巴赫／白水社

中世紀歐洲生活志1・2／奧托・波爾斯特／白水社

《圖說》都市世界史2─中世紀／來昂那多・貝奈波
爾／相模書房

西歐中世紀軍制史論／森義信／原書房

Arms & Armor of the Medieval Knight／David Edge &
John Miles paddock／Crescent books

The Coppergate Helmet／Dominic Tweddle／Cultural
Resource Management

Duelling Stories of the Sixteenth Century／George H.
Powell／A.H. Bullen

A History of the Crusades／Steven Runciman／
Peregrine Book

The History of Chivalry vol. 1-2／Charles Mills／
A. & R.

Knight of the Middle Ages／Dorothy Welker／
Encyclopaedia Britannica press

Medieval Military Dress 1066-1500／Christopher
Rothero／Blandford Press

Waffen und Rustungen／Vesey Norman／
Mundus Verlag

War. Justice and Public Order／Richard W. Kaeuper／
C.P. Oxford

通史

生活的世界歷史／河出書房新社

《新編》西洋史辭典／京大西洋史辭典編纂會／
東京創元社

《精講》世界史／木村尚三郎／學生社

世界史小辭典／村川堅太郎等／山川出版社

世界戰爭史（1～10）／伊冬政之助／原書房
世界歷史／河出書房新社
世界歷史／中央公論社
世界兵法史（西洋篇）／佐藤堅司／大東出版社
日本史小辭典／阪本太郎／山川出版社
日本的戰士（1～11）／德間書店

日本相關

《圖說》劍道事典／中野八十坪井三郎／講談社
古事類苑（普及版）《武技・兵事部》／吉川弘文館
趣味甲冑／笹間良彥／雄山閣
手裡劍術／染穀親俊／愛隆堂
正忍記／木村山治郎譯／紀尾井書房
躲在門後的忍者／清水遠三／銀河書房
日本上代的武器／末永雅雄／弘文堂書房
日本刀劍全史／川口登／歷史圖書社
日本刀講座（1～19）／雄山閣
日本刀講座別卷／（1、2）／雄山閣
《圖錄》日本武具甲冑事典／笹間良彥／柏書房
日本武道事典／笹間良彥／柏書房
日本甲冑大鑒／笹間良彥／五月書房
忍者・忍法大百科／勁文社

相關書籍

英文學風物志／中川芳太郎／研究社
回教史／阿公尺爾・阿裡／善鄰社
《圖說》科學.技術歷史／平田寬／朝倉書店
騎行・車行的歷史／加茂儀一／法政大學出版局
技術的歷史（5、6）——從文藝復興到產業革命／
築摩書房
騎馬民族國家／江上波夫／平凡社
劍之神・劍之英雄／大林太良・吉田敦彥／
法政大學出版局
西洋事物起源（Ⅰ～Ⅲ）／約翰・別克曼／
Diamond 社
世界發明故事／Readers Digest／日本 Readers Digest

石器時代的世界／藤本強／教育社
戰場的歷史／約翰・馬克多納德／河出書房新社
戰爭的起源／亞瑟・菲利爾／河出書房新社
三才圖會（上・中・下）／上海古籍出版社
中國軍事史（1卷）／解放軍出版社
中國古代火炮史／上海人民出版社
中國古代兵器圖集／（改訂新版）／解放軍出版社
武器／Diagram Group／marl 社
武器與甲冑／大英博物館／同朋社出版
普林尼《博物志》（Ⅰ～Ⅲ）／普林尼／雄山閣
歷史讀本 WORLD 特集 戰爭的世界史／
新人物往來社／昭和62年4月增刊
歷史讀本 WORLD 特集 成吉思汗與蒙古帝國／
新人物往來社／91年3月
Alldorfer and Fantastic Realism／Jacqueline & Maurice
Guillaud／JMG
The Ancient Engineers／L.Sprague de Camp／Ballantine
Books
Arms and Uniforms／Fred Funcken
Art. Arms and Armour Vol.1／Robbert Held／
Acquafresga editrice
The Barbarians／Tim Newark／Blandford Press
Buch der Waffen／William Reid／ECON
The Compendium of Weapons, Armour & Castles／
Matthew Balent／Palladium Books
Celtic Warriors／Tim Newark／Blandford Press
The Exercise of Armes／Jacob de Gheyn
The Guinness Encyclopedia of Warfare／Robin Cross／
Guinness Publishing
The Gun and its Development／W.W. Greener／A & AP
Medieval Warlods／Tim Newark／Blandford Press
Military Architecture／E.E. Viollet-le-Duc
The Rapier and Small-Sword, 1460-1820／
A.V.B. Norman
Russian Military Swords 1801-1917／Eugene Mollo
Smith's Bible Dictionary／William Smith／Jove Book

Stick Fighting／Masaaki Hatsumi／Kodansya

The Sword and the Centuries／Alfred Hutton／Tuttle

The Sword in the Age of Chivairy／R. Ewart Oakeshott

Treasures of the Tower: Crossbows／Her Majesty's Stationery Office

Tudor and Jacobean Tournaments／Alan Young

Wepons & Armor／Robert Sietsema／Hart Publishing

Weapons & Equipment of the Napoleonic Wars／Philip Haythornthwaite／Blandford Press

Weapons through the Ages／William Reid／Crescent Books

Women Warlords／Tim Newark／Blandford Press

彩圖 世界生活史
福井芳男、木村尚三郎監譯／東京書籍

1. 人類的遠祖們
2. 尼羅河的恩惠
3. 古希臘的市民們
4. 建立羅馬帝國的人們
5. 高盧的民族
6. 維京
8. 城堡與騎士
20. 古代文明的智慧
22. 古代與中世紀的歐洲社會
23. 從民族大遷移到中世紀
25. 希臘軍隊的歷史
26. 羅馬軍隊的歷史

周刊朝日百科
世界的歷史

41. 11 世紀的世界
46. 12 世紀的世界
47. 土地與身份
48. 朱子　撒拉丁　埃裡亞諾
51. 13 世紀的世界

Hereoes and Warriors
Firebird Book

Barbarossa: Scourge of Europe／Bob Stewart

Boadicea: Warrior Queen of the Celts／John Matthews

Charlemagne: Founder of the Holy Roman Empire／Bob Stewart

Cuchulainn: Hound of Ulst'er／Bob Stewart

El Cid: Champion of Spain／John Matthews

Fionn Mac Cumhail: Champion of Ireland／John Matthews

Joshua: Conqueror of Canaan／Mark Healy

Judas Maccabeus: Rebel of Israel／Mark Healy

King David: Warlord of Israel／Mark Healy

Macbeth: Scotland's Warrior King／Bob Stewart

Richard Lionheart: The Crusader King／John Matthews

Loep Classical Library

Aeneas Tacticus, Asclepiodotus, Onasander

The Histories（1-6）／Polybius

The Iliad（1, 2）／Homer

Livy（1-14）／Livy

Natural History（1-10）／Pliny

The Obyssey（1, 2）／Homer

OSPREY · ELITE SERIES
Osprey Publishing

3. The Vikings
7. The Ancient Greeks
9. The Normans
15. The Armada Campaign 1588
17. Knights at Tournament
19. The Crusades
25. Soldiers of the English Civil War（1）: Infantry
27. Soldiers of the English Civil War（2）: Cavalry
28. Medieval Siege Warfare

製品檢索
Index

　　在下是本店直屬徽章官。徽章官的職責之一，就是奔赴戰場去鑑別、記錄敵人和我方的徽章內容。這是一項要求優秀記憶力的腦力勞動。但是由於這裡沒有戰爭而且工作清閒，我就將本店的成品做了區別和記錄。當您忘記了商品的擺放地點時，或者想找到自己希望的物品，這份目錄一定能幫上忙。（徽章官）

★＝武器（Arms）　●＝防具（Armor）　按英文字母拼音排序

審訂者注
Note

①鉚接，一種以鉚釘將鋼板或其他物器做永久性接合的方法。把要連接的器件打孔，以鉚釘穿在一起，在沒有帽的一端錘打出一個帽，使器件固定在一起。

②原文的詞字面意思是「切口，鋸齒狀」，猜想應是指衣服上開了縫，露出裡面的裝飾。

③「遮陰袋」就是Codpiece，歐洲十六世紀流行，縫在或套在兩腿間讓男性象徵看起來很雄偉的裝飾袋子。

④Firangi的字源相當於英文Foreigner，因爲當時這種刀劍重新由葡萄牙人帶進印度時，都是組裝上歐式的劍柄，因此稱呼爲「外來者」。

⑤大夏（Dacia）爲古歐洲地名，相當於現今的羅馬尼亞。

⑥字源於法文flambayonet，即「火炎的刺刀」。傳說爲十五世紀法國騎士Renaur de Montauban所持有，當時他是仿羅馬一種如蛇矛形的槍頭而做的。到了十七世紀定型，但之後就少爲人用，從雙手劍變成單手劍（改寫作Flamberg），而且也只用作裝飾品而已。

⑦钂（ㄉㄤˇ）——《兵器辭典》：武器名。一種多刃長兵器。創於明代。長七尺六寸，重五斤。上有利刃，橫以彎股，刃用兩鋒，中有一脊，是最銳利的兵器。亦作「钂鈀」或「钂叉」。

⑧鈹（ㄆㄧˊ）——《方言》九：「錟謂之鈹」郭注：「今江東呼大矛爲鈹」；即槍頭如劍身之長槍，或稱大身槍。

⑨鉞（ㄩㄝˋ）——《說文》曰：大斧也。教育部異體字字典：武器名。形制似斧而較大，通常以金屬製成，多用做禮杖，以象徵帝王的權威，也用爲刑具。同「戉」。

⑩鹿砦（ㄓㄞˋ），舊時作戰的防禦設施。

⑪毗（ㄆㄧˊ）濕奴，印度教三位一體神祇之一。三位一體神祇包括濕婆（Shiva）、毗濕奴（Vishnu）、大梵天（Brahma）。大梵天代表創造，毗濕奴主掌保護，濕婆神主掌破壞。

⑫唐代以前的刀在傳入日本前刀背都是背的，現在一般就講直刀。

⑬單獨一個Mail指的就是鎖子甲。

⑭Bill 最後還是決定譯爲戈或戈刀。戈是以前戰國在戰車上用的兵器，算是一種泛用的長兵器，和Bill的外形與背景也都很像，Bill出自於農具，可鉤可砍，古代戰場上很容易見到。

⑮多刃槍稱钂，《武經備要》裡畫的钂很多都和Corsesca很像，加個蝠翼描述其外形。

⑯這個鎧甲是在介紹野戰甲時一起介紹的，算是屬於野戰甲的一種，騎兵用。

⑰這是目前制式西洋劍比賽裡的一種劍種，都稱爲銳劍（也有稱利劍的）。

⑱字根Fal- 就是彎曲的意思，如Falcata、Falx supina、Falchion，砍刀一般用於稱呼寬刃的大型直背刀。

⑲連枷是Flail目前常見的譯名，源自一種打穀機。和鏈錘差異在有一根手持的棍子。

⑳字源於法文Flambayonet，就是火炎狀的劍。

㉑這種頭盔說法不一，有的說這就叫Galea而未見Gallic Helment一字，Galea就是指羅馬軍用頭盔，跟Lorica就指羅馬軍用鎧甲一樣。在醫學用詞（應該都是拉丁文）裡Galea引申為「帽狀」的字根，Lorica引申為「甲殼狀」的字根。但比對原文和其他兵器網站，這頭盔也有叫Gallic Helment的，只是上面的獸皮帽明顯看來只是用Galea引申的意思。

㉒雖然羅馬短劍是很常見的譯名，然而以刃寬劍身短出名的Gladius，稱短劍感覺還是有點說不過去，中國的戰劍一般也普遍劍身寬刃還有血槽，結實耐操，故而改譯為羅馬戰劍。

㉓原文應該只是純粹指像「狗的頭顱（Houndskull）」的頭盔。

㉔中東地方的彎刀在西洋刀劍裡都被分到同一種類，以Scimitar為首的阿拉伯彎刀，我們聽到的大多是「～彎刀」，如阿拉伯彎刀、波斯彎刀。

㉕Falcata、Machirea、Kopesh都算鉤刀類，使用年代都較早，彼此會互相影響，外形就類似吳鉤，只是因地方而名稱不同。

㉖雖然說Kris也有不是曲刃的，但大家一般乍看之下，曲刃還是唯一最大的特徵，故譯之。

㉗Maniples、Cohort、Centuria、Legion一般常見翻譯是譯成羅馬支隊，大隊，百人隊（團），軍團。

㉘鈹，請見注8，Partisan一般查到的解釋為Ox-tongue Spear。

㉙Rapier比較像是西洋劍擊裡那種劍型的總稱，不過直接這樣譯一般人也最容易了解。

㉚軍刀應該是通用的譯名，西洋劍擊裡的一種劍種。

㉛槍長歐洲3.5公尺以上稱Pike，丈四以上稱大槍，都是戰陣上用來擋拒騎兵用的大槍。Pike其實應該翻大槍，可是一般現代人看過大槍的不多，總是以長槍稱之，雖然全文內所有Pike都被譯成大槍不太像常用語法，不過還是這樣譯以正視聽。

㉜槍和矛的差別在槍是槍頭與槍身分開的，矛是一體成形，所以一般說來，戰場上會有矛都是古早以前了，現今看到的都是槍，除非自己削。

㉝古代鐵尺其實就有點像現在的警棍，只不過不只是有一支分歧而已，而是像護手一樣兩邊分歧向上彎。

㉞30至60公分的劍稱短劍，30公分以下稱匕首，以此為區別，原文部份Dagger應都是指「短劍」。

㉟羅馬競技場最常聽到此詞，不過用這個詞的時候常代有同時描述其文化背景的意味，原文已提及羅馬的競技場文化，故譯名中不再提。

㊱Vin是指酒杯，原文應是指騎槍握把前護住手的擋板，因而譯為喇叭形（酒杯形）護手板。

感謝您的光臨

回去時請多加小心

怎麼樣？大家都滿意了吧？剛才我在大門口說了大話，還擔心到底能不能讓大家滿意呢。也許有的客人還是沒有找到喜歡的商品，也可能有的客人對我們的展示方法不滿意。

不過，「實話實說」正是本店的方針，還希望各位能夠體諒。

一般從本店回去的客人會有兩類。第一類客人眞是滿載而歸，買了這麼多武器和防具，非得用馬車拉走才行。實在感謝您的光顧，希望今後您能常來。相信在殺敵時，您能透過買到的武器獲得風捲殘雲般的無上快感。持武器者確實難免被持武器者所傷，見他人血者之血也會被他人所見。但請不要害怕，神一定會保佑您的。當您技壓群雄、名震天下之後，還希望您能再次光臨本店。到那時，還請您不吝在本店的武器和防具上消費。雖然不知道這樣的可能性有多大，但沒關係，是您就一定沒問題。

那麼就請您到正門去吧。店員會全體出動爲您送行的。

還有一類，就是什麼都沒有買，空手而歸的客人。他們在本店瞭解到武器和防具其實是可怕的東西。武器是用來撕開人的肉體的，防具雖說用來保護身體，但也不過是爲了傷人才會穿上。在下已經對此習以爲常了，可畢竟還是有很多人剛剛注意到它們的恐怖。這樣的客人就請到那邊的後門去吧。

全體店員：「謝謝光臨。」
　店員A：「哎呀，客人您看起來好強呀！」
　店員B：「啊，您肩膀上有塵土……失禮失禮。」
　店員A：「我們期待著您下次光臨。祝您一路平安。請多保重。」
全體店員：「多謝惠顧。」

　守衛：「客人您空著手回去呀。這樣很好，自己的生命和他人的生命都要珍惜。所以還是不拿武器的好。我
　　　　這可是私下告訴您，從正門出去的客人常常會被山賊襲擊的。等到第二天，那些原本被襲擊的客人手
　　　　裡所持有的武器又會重新擺在店裡了。我也只能說這麼多了。客人您做得沒錯。請多加保重。您做得
　　　　一點也沒錯……」

聖 典 系列書籍

「在閱讀成功的奇幻故事時，我們都會感到喜悅。這喜悅的源頭乃是來自於在故事中窺探到深藏故事中所反應的現實與真理。」——托爾金

透過聖典系列的圖像和文字的交互輔助，希望能夠讓創作者從中獲取寫作養料和知識，更可讓單純的讀者瞭解奇幻文化的背景知識，進而在閱讀奇幻作品時能夠因此有更深一層的體悟。這樣紮實的背景知識對創作者來說必須藉著專業的研究或是飽覽群書來達到。然而，這並非是唯一的道路；在其它奇幻文化較為先進的國家中，有許多這方面的參考資料和設定集，可以讓讀者快速而且有效率的吸收這方面的知識，進而在比較短的時間內提昇自己對於奇幻的瞭解。

2014年5月出版　售價**420**元
聖典009 **武器屋**（精裝典藏版）
作者◎Truth In Fantasy編輯部　譯者◎趙佳
審訂◎楊立強、郭昡海

日本亞馬遜五顆星★★★★★評價，暢銷台灣書市最強中世紀武器專書！
評遊戲設計、小說撰寫、中世紀武器專業知識，圖文並茂，一本就通遊
清楚的大型圖片──武器形貌、細節一見即知
詳盡的文字解說──發展歷史、特徵簡單易懂
內附超過1500張圖片；超過100個種族、職業，
瞭解中古世界武器形貌、特徵、功能必讀入門書！

2010年2月出版　售價**420**元
聖典014 **武器事典**（全新封面）
作者◎市川定春　譯者◎高胤硯、林哲逸

蒐羅古今中外8大類、600項各式武器！
一物一圖，形狀比例清楚、解說詳盡、資料龐大的武器百科全書
日本亞馬遜讀者大讚：圖片清楚、武器介紹既詳細又充滿趣味性！
共分8大類：刀劍、匕首、長柄、打擊、射擊、投擲、特殊、大型兵器
各武器均附有插圖，並統一依照實際尺寸比例繪製，比較大小
每項均記有「長度」、「重量」、「年代」、「地區」四個項目，介紹其形
制、用途、歷史故事等詳細資料。

2012年12月出版　售價**480**元
聖典026 **惡魔事典**（精裝典藏版）
作者◎山北篤、佐藤俊之、桂令之等
譯者◎高胤硯、劉子嘉、林哲逸　審訂◎朱學恒、楊伯瀚

奇幻基地十周年慶‧惡魔事典精裝典藏新封版
橫掃奇幻工具書市場第一首選，在台銷量更勝日本！
上天入地、縱貫四方，最完整豐富的蒐魔大全！
最豐富完整的惡魔全集，收錄超過456名惡魔圖文介紹，以及890名以上惡魔
紳士錄列表。
逢魔時刻，邪惡的饗宴前曲開始吹奏……詳細介紹眾神之敵、坑陷人類的邪惡
存在，闡明東西方歷史、宗教、文化之無所不在的惡魔全貌。

2008年2月出版　定價：**1200**元　特價：**999**元

聖典028 **怪物大全**（精裝）

健部伸明◎著　蘇竑嶂◎譯

2008最重量級的奇幻怪物百科——
九十六類，四百多種以上的怪物&幻獸，壓倒性的質與量呈現
華文出版品中最豐富最仔細最考究最精確的怪物大全！
內容集結北歐、希臘與羅馬神話、歷史、史詩、遊戲影視、知名奇幻文學
小說中的驚人怪物——各位將前往一處不曾探索的新世界，你們將被傳送
到多處時空，近距離地接觸泰坦巨神、獨眼巨人、基迦巨人、北歐山精、
日耳曼野人、火精靈、巨魔等數十種高階生靈。
希望經過這趟旅程，能夠帶給各位嶄新的視野。祝您旅途愉快！

2008年1月出版　售價**360**元

聖典029 **奇幻文學寫作的10堂課**（修訂版）

作家文摘出版社編輯部◎著　林以舜◎譯

奇幻基地成立五週年紀念修訂版
要寫出優秀的奇幻小說，遠比創作其他類型小說更為困難！
暢銷五年的奇幻寫作代表經典，再次修訂，帶領你一起進入更新更美好的
故事創作世界！
50幅插圖＋數百種奇幻生物＋巫術＋武器＋服裝＋城堡分析——
第一本全方位的奇幻文學寫作聖典，
最實用的奇幻寫作入門＋最完整的世界設定，
幻想文學創作者必讀‧必備‧必用的經典參考書！

2010年3月出版　特價**499**元

聖典031 **幻獸事典**（精裝）

作者◎草野巧　譯者◎林哲逸

取材自古今中外的神話傳說、宗教經典、史書地誌、文學小說、
繪卷、戲劇……
1002個東西洋幻獸壓倒性呈現，史上最大容量的幻獸寶典！
詳細介紹怪物的性格、特徵、典故、發源地
一圖一說明，全方面收錄東西洋幻獸
隨書附上中英文索引，並在附錄中以地域別分類
使用超方便，是了解幻獸不可或缺的經典之作！

2011年1月出版　售價**420**元

聖典033 **地獄事典**（精裝）

作者◎草野巧　譯者◎林祥榮

集結東西方神話、歷史、宗教、文學之地獄與冥界詳盡圖解介紹
絕無僅有，第一本全方位地獄總覽事典！
六大篇主題式導覽介紹，地獄知識一次通曉，恐怖趣味度百分百！
日本亞馬遜讀者好評推薦最全面、最豐富、
細緻結合精要資料與極致想像的寶典

歡迎來到地獄。

2011年7月出版　售價**750**元

聖典034 **幻想地名事典** （精裝）

作者◎山北篤、桂令夫、草野巧、佐藤俊之、司馬柄介、秦野啓

譯者◎王書銘

從樂園到冥界。從古都到宇宙
集結古今中外東西方神話・傳說・宗教・歷史・創作作品地名
最強大幻想地理百科全書
收錄超過1000個以上的世界各地神話，以及那些曾經在各地傳說中以樂園或
冥界、冒險舞台身分登場的國家或都市，還有不可思議傳說的河川湖泊等充滿
魅力的地名及其故事，是足踏上幻想之旅，最不可或缺超大容量的必備書。

2012年2月出版　售價**399**元

聖典035 **城堡事典** （精裝）

作者◎池上正太、ORG　譯者◎高胤喨

含括歷史、地理、政治、建築、文化之城堡與堡壘全集
圖解世界名城結構超實用入門工具書！
深入淺出的介紹、細膩詳實的繪圖，
讓您一手掌握古今中外的城堡宮殿與奇險要塞！
「在即時戰爭的遊戲中，城堡出現的時機與位置，往往是勝敗的關鍵，閱讀此
書更能體會城堡之所以存在的價值！」──遊戲基地 gamebase 社長江文忠

恭喜您成為一城之主！

2013年2月出版　售價**420**元

聖典036 **三國志戰役事典：魏蜀吳最著名的74場戰役** （精裝典藏版）

作者◎藤井勝彥　譯者◎蘇竑嶂

風靡中國數千年、橫掃世界五大洲！中國史上最璀璨而短暫的亮點，
最引人入勝、令人心醉神迷的時期──三國時代。
一書覽盡正史三國志最著名的74場戰役，以及相關人物之介紹與生平！
一書在手，仿若親臨三國戰場！
史上最完整、最詳細、最清晰、最豐富，74場三國時代決定性戰役全收錄
詳盡比對正史《三國志》及《三國演義》之異同、描繪軍隊動線及探討歷史背
景，通曉三國時代戰事最佳首選！

國家圖書館出版品預行編目資料

武器屋（精裝典藏版）Truth In Fantasy編輯部著；趙佳 譯；楊立強
、郭昡海審訂.--四版.--台北市：奇幻基地出版；城邦文化發行；
2014（民103）
面：寬18公分, 高21公分 -（聖典；9C）
ISBN 978-986-7576-34-7（平裝）
595.5

聖典系列 009C **武器屋（精裝典藏版）**

著　　　名	武器屋	審　　　訂	楊立強、郭昡海
作　　　者	Truth In Fantasy 編輯部	企劃選書人	楊秀眞
譯　　　者	趙佳	責 任 編 輯	王雪莉

版權行政暨數位業務專員　陳玉鈴
資深版權專員　　許儀盈
行 銷 企 劃　　陳姿億
行銷業務經理　　李振東
總　編　輯　　王雪莉
發　行　人　　何飛鵬
法 律 顧 問　　元禾法律事務所　王子文律師
出　　　版　　奇幻基地出版
　　　　　　　城邦文化事業股份有限公司
　　　　　　　台北市 104 民生東路二段 141 號 8 樓
　　　　　　　電話：(02)2500-7008　傳眞：(02)2502-7676
　　　　　　　網址：www.ffoundation.com.tw
　　　　　　　E-mail：ffoundation@cite.com.tw
發　　　行　　英屬蓋曼群島商家庭傳媒股份有限公司城邦分公司
　　　　　　　台北市 104 民生東路二段 141 號 11 樓
　　　　　　　書虫客服務專線：(02) 25007718・(02) 25007719
　　　　　　　24 小時傳眞服務：(02) 25001990・(02) 25001991
　　　　　　　服務時間：週一至週五 09:30-12:00・13:30-17:00
　　　　　　　郵撥帳號：19863813　戶名：書虫股份有限公司
　　　　　　　讀者服務信箱E-mail：service@readingclub.com.tw
香港發行所　　城邦（香港）出版集團有限公司
　　　　　　　香港灣仔駱克道 193 號東超商業中心 1 樓
　　　　　　　電話：(852)25086231　　傳眞：(852)25789337
　　　　　　　E-mail：hkcite@biznetvigator.com
新馬發行所　　城邦(馬新)出版集團 Cite (M) Sdn Bhd
　　　　　　　41, Jalan Radin Anum, Bandar Baru Seri Petaling,
　　　　　　　57000 Kuala Lumpur, Malaysia.
　　　　　　　電話：(603) 90578822　　傳眞：(603) 90576622
　　　　　　　E-mail：cite@cite.com.my

封 面 設 計　　江孟達工作室
電 腦 排 版　　浩瀚電腦排版股份有限公司
印　　　刷　　高典印刷有限公司

■2004 年（民 93）8 月6日初版　　　　　　　　　Printed in Taiwan.
■2022年（民111）6月6日四版17.5刷

售價420元
BUKI-YA

城邦讀書花園
www.cite.com.tw

●本書在結構上採用了虛擬武器店的形式，書內的武器和防具實際上並無出售。

104台北市民生東路二段141號11樓

英屬蓋曼群島商家庭傳媒股份有限公司城邦分公司 收

請沿虛線對摺，謝謝

每個人都有一本奇幻文學的啟蒙書

官 方 網 站：http://www.ffoundation.com.tw
臉書粉絲團：http://www.facebook.com/ffoundation

書號：1HR009C　　　書名：武器屋（精裝典藏版）

讀者回函卡

謝謝您購買我們出版的書籍！我們誠摯希望能分享您對本書的看法。請將您的書評寫於下方稿紙中（100字為限），寄回本社。本社保留刊登權利。一經使用（網站、文宣），將致贈您一份精美小禮。

姓名：_____　性別：□男　　□女

生日：西元_____　年 _____　月 _____　日

地址：_____

聯絡電話：_____　傳真：_____

E-mail：_____

您是否曾買過本作者的作品呢？□是　書名：_____　□否

您是否為奇幻基地網站會員？□是　□否（歡迎至http://www.ffoundation.com.tw免費加入）